Octave/MATLAB으로
실습하며 익히는
사운드
엔지니어를 위한
DSP

융합기술 시리즈 1

Octave/MATLAB으로
실습하며 익히는
사운드
엔지니어를 위한
DSP

채진욱, 정현후 공저

씨아이알

추천사

이 책은 수학적 또는 공학적 기반이 없더라도 누구나 쉽게 사운드 엔지니어링을 배울 수 있도록 쓰인 훌륭한 입문서입니다. 특히 교수님과 학생 간의 대화 형식으로 구성되어 있는 점이 독특한 장점입니다. 까다롭거나 딱딱할 수 있는 주제들을 대화체로 풀어나가 가독성이 매우 뛰어납니다. 그뿐 아니라 학생의 질문들을 통해 쉽게 혼돈되거나 실수할 수 있는 부분들을 자연스럽게 다루고 있고 또 교수님의 답변과 그에 따르는 과제들을 통해 좀 더 발전된 개념과 기술들을 가르쳐줍니다. 특히 음대 출신의 학생이 제기하는 질문들은 디지털 신호처리에 대한 기본 지식이 없는 많은 사람들의 궁금증을 해결해주는 동시에 막연히 어려울 것으로만 생각했던 주제에 대한 두려움도 상당 부분 없애줄 것으로 기대됩니다.

이 책은 또한 실용성과 적용성이 뛰어난 책입니다. GNU Octave라는 소프트웨어를 사용하여 여러 가지 사운드 엔지니어링을 하게 되는데 설치 과정에서부터 명령어 입력, 계산 결과 및 파형 등 여러 가지 형태의 출력까지가 자세히 설명되어 있습니다. 화면 캡처 그림이 지속적으로 삽입되어 있어 소프트웨어의 환경에 익숙지 못한 사람들도 쉽게 따라갈 수 있도록 디자인되어 있습니다. GNU Octave는 자유 소프트웨어이기 때문에 상용 소프트웨어 같은 자세한 사용설명서가 존재하지 않는 것을 고려할 때 Octave를 쉽게 배울 수 있는 책으로 훌륭한 가치가 있습니다.

마지막으로 이 책은 매우 실용적인 책임에도 불구하고 놀라울 정도로 디지털 신호 처리의 기본 개념들을 체계적으로 전달하고 있습니다. 우선 소리의 기본 요소들과 디지털 신호 처리의 기본 개념들이 어떻게 연관되어 있는지를 소개한 후 디지털 신호로 변환된 소리들을 어떻게 변화시켜줄 수 있는지를 가르쳐 줍니다. 대부분의 책들이 소프트웨어의 사용설명서이거나 어려운 수학을 동반한 신호 처리 이론서인 데 반해 이 책은 신호 처리의 기본 개념들을 소프트웨어 사용법을 설명하면서 동시에 가르치고 있습니다. 특히 마지막 장에서 소개되고 있는 푸리에 변환은 수학적 기반이 필요한 개념임에도 불구하고 Octave를 통해 여러 가지 파형들을 실험해봄으로써 이해하기 쉽게 소개하고 있습니다. 고급 엔지니어링으로 나가길 원하는 사람들에게 특히 유익할 것으로 생각될 뿐 아니라 대학에서 디지털 신호 처리를 정식으로 배울 계획인 사람들에게도 유용한 입문서의 역할을 할 것으로 생각합니다.

결론적으로 이 책은 사운드 엔지니어링의 기술들을 쉽게 배울 수 있는 매우 실용적인 책인 동시에 디지털 신호 처리의 기본 개념들을 체계적으로 전달하고 있는 책입니다. 사운드 엔지니어링을 배우길 원하는 분들에게는 최고의 입문서가 될 것으로 생각합니다.

콜로라도 대학교 전자공학 및 재료공학과
박원장 교수

From : markchae@hanmail.net
To : sjcho75@ulsan.ac.kr
Subject : 조상진 교수님께(감수를 부탁드립니다)

안녕하세요. 조상진 교수님.

일전에 통화상으로 이야기했던 것처럼 DSP에 대한 내용을 책으로 엮게 되었습니다.
저와 DSP를 공부하고자 하는 사운드 디자이너 사이에 개인적으로 메일로 주고받을 때와는 달리 책으로 엮어 세상에 공개된다고 하니 아무래도 내용에 대한 감수가 필요하다는 생각에 이렇게 메일을 쓰게 되었습니다.

대학원에서 공부하던 시절 조상진 교수님으로부터 DSP의 개념에 대한 가르침을 많이 받았고 또 현재까지 디지털 사운드 프로세싱 분야에서 지속적으로 의미 있는 연구 성과를 내고 계신 만큼 이 책에 대한 감수를 해주신다면 너무나 영광스럽고 감사하겠습니다.

채진욱

From : sjcho75@ulsan.ac.kr
To : markchae@hanmail.net
Subject : 채진욱 교수님께(보내주신 원고는 재미있게 잘 읽었습니다)

안녕하세요, 채진욱 교수님.

우선 지극정성으로 완성하셨을 원고가 세상에 나오게 된다니 축하의 말씀을
전하고 싶습니다. 그리고 부족한 제가 감수를 하게 되어 영광입니다.
"사운드 엔지니어를 위한 DSP" 원고를 읽으며 잠시 대학원 시절 가야금 몸통
의 울림 특성을 분석하느라 함께 밤새웠던 회상에 잠기기도 했네요.
다양한 사운드 분석 소프트웨어와 함께 그때도 MATLAB을 사용하여 여러 가
지 신호를 분석하고 합성하는 일을 했었죠.

처음 원고를 받았을 때, 공학 분야가 아닌 음악이나 사운드를 공부하는 독자들
에게 Octave나 MATLAB으로 DSP를 설명하는 것이 과연 옳은 선택일까? 아
니 이게 가능한 일일까?라는 의구심이 들었습니다.
공학을 전공하고 있는 학생들에게도 DSP는 상당히 부담스러운 과목이고
Octave나 MATLAB이 다른 언어들보다 접근성이 용이하다 할지라도 비전공
자라면 시작이 결코 쉽지 않을 텐데 말이죠.
하지만 이런 걱정은 원고를 보기 시작한 지 얼마 지나지 않아 사라지게 되더군요.
Octave 설치부터 사용까지 모두 그림만 보고 따라 해도 이해할 수 있을 만큼
쉽게 설명해놓았고, 또 문법부터 설명하는 것이 아니라 디지털 사운드의 표현
방법에서부터 시작하기 때문에 새로운 언어를 배운다는 느낌이 전혀 없었습니다.
그리고 신호 처리 전공 시식이 필요한 부분에서는 산난한 예를 통해 개념을
이야기 형식으로 풀어나감으로써 비전공자도 부담 없이 접근할 수 있도록 한
배려가 느껴졌습니다.

이 책은 정말 쉽고 명료하게 기술되어 있어서 공학 전공자가 사운드 프로세싱에 입문하는 경우나 사운드/음악 관련 전공자가 디지털 신호 처리의 원리를 이해하고 공학적으로 응용하고자 하는 경우, 그리고 그저 소리에 관심이 있어서 이를 활용하고 싶어 하는 모든 이에게 유용한 지침서가 되리라 생각이 됩니다.

조상진 드림

From : octavejwchae@gmail.com
To : 이 책을 읽는 모든 분들에게
Subject : 이 책을 읽는 모든 분들에게

안녕하세요. 채진욱입니다.

지금 이 글을 읽고 계신 분 중에는 음악인이나 음향인으로서 어떻게 소리를
조작하는지를 공부하고자 하는 분도 계실 것이고 공학도로서 DSP가 어떻게
사운드에 적용되는지에 대해서 공부하고자 하는 분들도 계실 것입니다. 또는
디지털 신호 처리(DSP)라는 수업을 들으면서 과연 지금 배우고 있는 것들이
실생활에 어떤 식으로 적용되는지, 그 복잡한 수식들이 어떤 의미를 가졌는지
에 대해서 궁금한 공학도들도 계실 거라는 생각이 드네요.

만약 이러한 이유로 DSP 서적을 마주하셨던 분이라면 DSP는 수학 또는 엄청
나게 수학을 잘해야만 할 수 있는 공부라는 생각을 떨쳐버리기가 쉽지 않을
것입니다. 이공계 전공이 아닌 분이라면 '이것은 내가 할 수 있는 일이 아니구
나'라는 생각으로 포기하셨을 수도 있을 거고요.

그럼 여기서 한 가지 예를 들어보겠습니다.

여기 하나의 물체를 1m 위로 들어 올리려고 합니다. 물체의 무게가 1kg인
경우와 2kg인 경우, 어느 쪽이 더 많은 힘이 들까요? 우리는 굳이 위치에너지
$E = mgh$라는 공식을 알고 있지 않아도 2kg의 물체를 1m 들어 올릴 때 더

많은 에너지를 소모할 거라는 것을 알고 있고 심지어는 두 배 정도 더 힘들 거라는 것도 경험적으로 알고 있습니다.

수식은 개념을 일반화하기 위한 도구일 뿐입니다. (물론 더 복잡한 개념을 설명하려고 한다면 수학적으로 푸는 것이 오히려 더 쉽기도 하지만요.)

이것은 물리학에서도 DSP에서도 마찬가지입니다. 중요한 것은 개념을 이해하고 직관적으로 바라보는 것입니다. 그 개념을 정확하게 이해하고 있고 어느 정도의 수학지식이 있다면, 그 개념을 수학적으로 기술하거나 이미 만들어져 있는 수식을 보면서 물리적·경험적 의미가 무엇인지를 이해할 수도 있을 것이고요.

저는 이 책을 통해서 여러분들이 이미 가지고 있는 음악과 소리에 대한 경험을 토대로 DSP, 그중에서도 디지털 사운드 프로세싱에 대해 이야기를 하고자 합니다.

필요에 따라서는 중학교 수준의 산수가 사용될 것이고요. 계산과 시뮬레이션은 옥타브(Octave)라고 하는 도구가 수학이라는 도구를 대신하게 될 것입니다.

그리고 정말 공학적·수학적 배경이 없이도 감각적이고 직관적으로 DSP를 받아들일 수 있는지를 검증하기 위해 음악을 전공한 사운드 디자이너 친구와 함께 원고 작업을 하였습니다. 물론 몇몇 개념들은 책을 읽으면서 바로 이해가 되지 않는 부분들도 있겠습니다만 천천히 각각의 실험을 함께하며 따라가다 보면 디지털 사운드 프로세싱에 대한 재미를 느끼실 수 있을 것입니다.

그럼 즐거운 마음으로 DSP를 함께 경험해보시길 바랍니다.

2016년 1월 눈이 덮인 록키산 자락에서
채진욱 드림

목차

Chapter 01

개 요

Chapter 02

소리의 재료들

Chapter 01
개 요

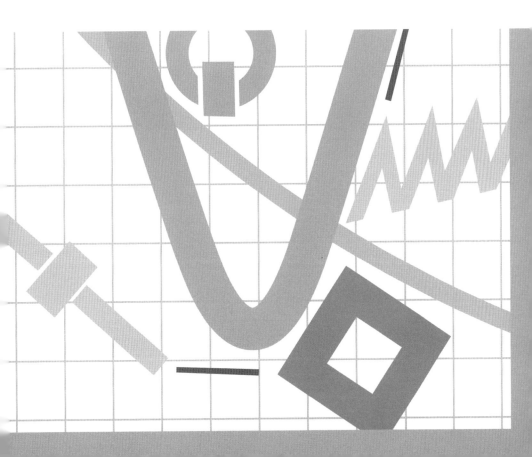

Chapter

01 개 요

1-1. 이야기는 이렇게 시작되었다

벌써 몇 년 전의 일입니다.

사운드 디자인 수업을 듣던 학생 한 명이 수업을 마치고 난 후, 사운드 디자이너가 되고 싶다고 찾아온 적이 있었죠. 저는 '내가 트레이닝을 받은 것처럼 당신도 나의 사운드 디자인 회사에서 사운드 디자이너로 함께 일 해보지 않겠냐'라고 제안을 했고 그 친구는 몇 년 후, 능력 있는 사운드 디자이너로 성장했습니다.
(내가 사운드 디자이너로 트레이닝받고 일했던 회사의 사운드 디자이너는 철저하게 도제식으로 트레이닝되고 있었다.)

그리고 한참의 시간이 흐른 어느 날, 그 친구가 다시 저를 찾아왔습니다.

"현후 군, 오랜만이네요. 요즘은 무엇에 관심이 있나요?"

"안 그래도 요즘 제가 관심이 있는 것에 대하여 상의를 드리고 싶어서요. 전자악기를 만들고 싶은데 어떻게 하면 될까요?"

'아! 이 친구…. 단순히 사운드 디자이너로서 도제가 아니고 내가 해왔던 일을 그대로 따라가려고 하는 것인가?'

이미 사운드 디자이너로서 어느 정도 실력을 갖췄고 인정도 받는 친구가 어쩌면 전혀 새로운 분야가 될지도 모를 무엇인가를 공부한다는 것이 한편으로는 걱정되기도 하면서도 나와 같은 길을 가겠다고 하는 그 친구가 너무 고맙기도 해서 저는 냉큼 전자 악기를 개발하는 데 필요한 공부가 어떤 것들이 있는지를 알려주고 제가 그 시기에 공부했었던 디지털 신호 처리를 한번 공부해보는 것이 어떻겠냐고 제안을 했습니다.

"그런데 디지털 신호 처리는 기본적으로 공학적인 지식을 필요로 하고 있어서 대학에서 음악을 전공한 현후 군에게는 디지털 신호 처리를 공부하기가 결코 쉽지는 않을 거예요."

"만약 필요하다면 공대 진학도 고민하고 있습니다."

"좋아요. 그럼 현후 군이 공대를 진학했을 때, 조금 더 쉽고 재미있게 적응할 수 있도록 디지털 신호 처리(Digital Signal Processing) 분야 중, 디지털 사운드 프로세싱(Digital Sound Processing)을 나와 함께 공부해보겠어요?"

저는 학부에서 물리학을 전공했기에 어느 정도의 수학적, 물리적 기초 지식을 가지고 있었고 학부를 졸업한 후 들어간 연구소에서 신시사이저 개발과 프로섹트 매니저를 하면서 하드웨어 전반에 관한 공부도 할 수 있었기에 대학원을 진학해서 DSP를 공부하면서 큰 부담은 없었던 것으로 기억합니다. 하지만 이 친구는 DSP를 공부하기 위해 넘어야 할 산이 너무 많은 것은 아닐까? 이것은 어쩌면 저에게도 절대 쉽지 않은 새로운 도전이 될지도 모를 거라는 생각이 들었지만, 왠지 자신이 있었습니다.

그 자신감은 저에 대한 자신감이 아니라 몇 년간 사운드 디자이너로 트레이닝하며 보여준 현후 군의 성실함과 노력에 대한 자신감이었습니다.

'이 친구라면 한번 도전해볼 만하지 않을까? 사운드 디자이너를 위한 DSP'

"그런데 문제가 하나 있네요. 내가 당분간 멀리 떠나야 해서 메일을 주고받으며 공부를 해야 할 거 같아요. 사운드 디자인은 함께 소리를 들어가면서 공부를 해야 하는 일이라서 같은 공간에서 공부했지만 이건 지식을 전달하는 일이니까 메일을 주고받으면서도 충분히 공부할 수 있을 거랍니다."

"열심히 공부하겠습니다."

저 한마디를 듣는 순간은 자신감이 확신으로 바뀌는 순간이었습니다.

"그럼 말이 나온 김에 오늘부터 시작하죠. 우리는 Octave라는 소프트웨어를 이용해서 사운드 프로세싱에 대한 다양한 실험과 검증을 할 거예요. 공대에서는 MATLAB이라는 소프트웨어를 이용해서 다양한 실험과 검증을 하는데 안타깝게도 이 소프트웨어는 아주 비싸거든요. 그런데 감사하게도 MATLAB과 거의 같은 사용법을 가지고 있으면서 우리가 공부하는 데 필요한 모든 기능을 갖춘, 그러면서도 별도의 비용이 들지 않는 소프트웨어인(*GNU) Octave라는 소프트웨어가 있어요. 이 소프트웨어로 공부하게 되면 나중에 공대에 진학해서 MATLAB을 사용하더라도 큰 어려움 없이 바로 적응할 수 있을 거랍니다. 그럼 우선 Octave라는 소프트웨어를 설치하고 1＋1, 12*12에 대한 답이 나오는 것까지 확인한 후, 메일을 보내면 다음 이야기를 하도록 할게요."

*GNU란?

GNU는 'GNU's Not UNIX'라는 재귀적 문장의 축약어로 1983년 리차드 스톨만(Richard Matthew Stallman)에 의해 만들어진 개념을 의미합니다. 또한 단순히 운영체제뿐 아니라 애플리케이션, 라이브러리, 개발도구 등등 수많은 자유 소프트웨어 프로그램들의 모음이기도 합니다. 자유 소프트웨어(Free Software)란 별도의 사용료 없이 소프트웨어를 사용하고, 그 소프트웨어를 사용자가 자유로이 실행하고, 원하는 방향으로 수정하고, 원한다면 자신이 수정한 프로그램을 다른 사용자에게 배포하고 공유하는 것이 가능한 소프트웨어를 의미합니다.

*Free의 뜻이 단순히 공짜가 아닌(Free paid software) 자유로운 공유 및 행동(Free Speech, Free Activity)이라는 것을 잊으면 안 됩니다.

위에서 나오는 UNIX란 1970년대에 교육 및 연구기관에서 사용하던 운영체제입니다. 벨연구소에서 개발되었으며, 주요 개발진으로는 켄 톰슨, 데니스 리치, 더글러스 매클로리 등이 있습니다. Windows 를 제외한 현재의 거의 모든 OS는 UNIX에 기초를 두고 만들어져 있습니다.

Octave의 정식 명칭은 GNU Octave로 GNU GPL(GNU General Public License)을 따르고 있습니다. 여러 가지 원칙이 있으나 주요한 부분으로는 '무료로 배포된다는 것과 법에 저촉되지 않는 한 어떠한 목적으로든 사용할 수 있다'는 것입니다. 즉, 우리는 교육의 목적으로 즐겁게 Octave를 사용하면 됩니다. 또한 Octave 개발자들에게 감사를 표하고 싶다면, Octave의 홈페이지의 Donate를 통해 개발자들에게 기부를 할 수 있습니다.

관련된 더 많은 정보는 GNU의 공식 홈페이지인 gnu.org에서 찾아보실 수 있습니다. 또한 더욱 많은 이야기를 알고 싶으시다면 GNU Korea('korea.gnu.org')와 팟캐스트 '그것은 알기 싫다. 032. 신인류 연대기 편'을 참조하시면 더욱 이해가 쉬울 것입니다.

출처
www.gnu.org ; The GNU Operating System and the Free Software Movement
http://korea.gnu.org ; GNU Korea
iTunes Podcast ; 그것은 알기 싫다. 032. 신인류 연대기 편. 딴지라디오 제공

1-2. Octave 설치 과정과 프로그램 동작테스트

From : octavehhjung@gmail.com
To : octavejwchae@gmail.com
Subject : Octave 설치 과정과 프로그램 동작테스트

교수님, 볼더(Boulder)에는 잘 도착하셨나요?
서울은 지난달보다 훨씬 더 추워지긴 했습니다만, 그래도 작년 이맘때쯤에 비하면
따뜻한 편입니다. 미국은 더 추워졌다고 하던데, 감기 조심하시기 바랍니다.

일전에 말씀하셨던 대로 제 컴퓨터에 Octave를 설치하고 구동시켜보았습니다.
집에서 사용하는 윈도우즈(Windows), 리눅스(Ubuntu) 그리고 매킨토시
(Mac OS X)에 다 설치해보았는데요. 확인을 위해서 간단하게 설치법을 정리
해서 보내드립니다.

:: 윈도우즈(Windows) 환경

윈도우즈(Windows) 환경에서의 설치는 공식 홈페이지(https://www.gnu.
org/software/octave/download.html)에서 윈도우즈용 인스톨러를 제공
하고 있어서, 손쉽게 설치할 수 있었습니다.

그림 1-1 Octave 홈페이지의 Download 페이지(왼쪽)와 윈도우 인스톨러 파일 다운(오른쪽)

설치 파일을 내려받은 후 실행시켜보니 기대했던 설치 과정 대신에 오류 메시지부터 나왔습니다.

첫 번째 오류 메시지는 Windows 8 이상의 OS에서는 아직 완벽하게 호환되지 않는다는 메시지로 향후 Octave의 버전이 올라가면 해결될 부분이라 생각합니다. 다행히 이후의 설치 과정에서 별다른 문제없이 설치되었고 동작에도 큰 문제는 없었습니다. (그림 1-2의 왼쪽 메시지)

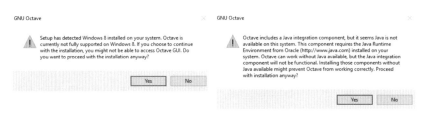

그림 1-2 OS 호환성 문제에 대한 메시지(왼쪽)와 JAVA 관련 오류 메시지(오른쪽)

그리고 두 번째 오류 메시지는 JAVA 관련 오류 메시지였습니다. 며칠 전 문제가 있어서 컴퓨터를 완전히 포맷했었는데요. 그러고 나서 가장 처음으로 설치한 프로그램이 Octave였습니다. 아직 아무것도 컴퓨터에 설치되어 있지 않기 때문에 JAVA를 설치하라는 경고 메시지가 나온 것 같습니다. (그림 1-2의 오른쪽 메시지)

그래서 JAVA 공식 홈페이지에서 통합 설치 파일을 받아 설치했습니다. (https://java.com/ko/download/manual/jsp에서 통합 인스톨러를 제공하고 있어서, 쉽게 설치할 수 있었습니다.)

JAVA를 설치한 후에는 별다른 오류 메시지가 나타나지 않았습니다. ‘Next’ 버튼을 눌러 설치 과정 화면으로 넘어갔고 그 뒤에는 오류 없이 설치가 진행되었습니다.

설치 과정이 다 끝나게 되면 새로운 창에 'Welcome to Octave' 화면이 나오게 됩니다. 이 화면이 나오면 Octave가 제대로 설치가 된 것이고, 이제부터 Octave를 사용할 수 있게 됩니다.

:: 리눅스(Ubuntu) 환경

요즘 공학을 하는 사람뿐 아니라 많은 사람이 점점 더 리눅스 배포판 OS를 사용하는 빈도가 높아진다고 하네요. 그래서 저도 한번 Octave를 리눅스 배포판 중의 하나인 우분투에 설치해보았습니다.
설치 과정에서 애로 사항이 많을 줄 알았는데 생각보다 간단하게 설치할 수 있었습니다.

우분투에서는 크게 두 가지 방법으로 설치할 수 있는데요. 소프트웨어 센터와 터미널을 이용한 방법, 이렇게 두 가지입니다.

1) 소프트웨어 센터를 이용하는 경우

우분투에는 마치 애플 앱스토어와 비슷한 Ubuntu Software Center가 있는데요. 그림 1-3처럼 Software Center에서 'Octave'를 검색하니 바로 'GNU Octave'가 나오더군요. 이 항목을 선택하고 설치하니 바로 잘 동작했습니다.

그림 1-3 Ubuntu Software Center의 메인 화면(왼쪽)과 Octave를 검색한 화면(오른쪽)

2) 터미널을 이용하는 경우

우분투에서 터미널을 열어서 다음의 코드를 입력하면 바로 설치 과정이 진행됩니다.
(보통 리눅스에서 프로그램을 설치할 때는, 소프트웨어 센터보다는 터미널을 더 많이 사용한다고 합니다.)

```
# sudo apt-get install octave
```

입력을 하고 나면 패스워드를 물어보는 창이 나온 후 여러 메시지가 터미널에 나타나고 금방 설치가 완료되었습니다. 또한 처음 실행할 때만 터미널로 실행 (터미널에서 'Octave'라고 치면 바로 실행됩니다.)해주고 실행한 프로그램을 '런처에 고정'해주는 작업(아이콘 런처에 실행된 Octave 아이콘을 왼쪽 클릭하면 '런처에 고정' 메뉴가 나오게 됩니다.)으로 화면 왼쪽 아이콘 런처에 고정시켜주면 다음부터는 터미널에서 실행하지 않고 런처에 등록된 Octave 아이콘을 클릭하는 것만으로도 실행이 되어 더욱 편하게 열 수 있었습니다.

우분투가 아닌 다른 배포판(Devian, Linux MINT, Fedora, OpenSUSE 등 리눅스 배포판은 수많은 종류가 있습니다.)에서도 이와 비슷한 명령으로 설치할 수 있습니다. 다른 배포판에 대한 명령어는 각 배포판 OS의 패키지 설치 방법을 참조하시면 됩니다.

:: 매킨토시(Mac OS X) 환경

마지막으로 제 맥북에 설치해보았는데요. 설치와 관련하여 자료를 찾아보니 매킨토시(Mac OS X)에서는 엄청나게 복잡한 방식의 설치 과정을 요구하더라고요. 설치해야 하는 프로그램만 최소 3개 이상이었습니다. 그래서 처음에는 그냥 포기할까 하다가 자료를 좀 더 찾아보니 OS X가 Version 10.9 Mavericks일 경우에는 바이너리 패키지 형태의 설치 파일을 지원하고 있어 바로 내려받아서 설치해보았습니다.

관련 자료는 Octave 공식 홈페이지에 잘 나와 있어 편하게 확인할 수 있었습니다. (그림 1-4의 왼쪽 그림 페이지, http://wiki.octave.org/Octave_for_Mac OS_X에 들어가면 확인할 수 있습니다.)

그림 1-4 Mac OS X에서의 설치 과정을 설명하는 페이지(왼쪽)와 Mac OS X용 Octave 패키지 파일의 실행(오른쪽)

설치할 때 '확인되지 않은 개발자가 배포했기 때문에 열수 없습니다'라는 메시지가 나와서 당황했지만, '보안 및 개인정보'에서 '허용'의 범위를 '모든 곳'으로 설정해두니 잘 실행이 되었습니다. (찾아보니 control 누르고 클릭해도 된다고 하네요.)

설치를 다하고 실행해보니 Mac OS X에서의 동작도 별다른 무리는 없었습니다. 단지, Mac OS X용 패키지 파일은 윈도우즈와 우분투에서의 버전인 4.0.0이 아닌 3.8.0버전이라 계속 4.0.0으로 설치하라는 메시지가 나오긴 하지만 사용하는 데 무리는 없을 것 같습니다.

(메일을 보낼 당시의 버전이었습니다. 나중에는 더 상위의 버전도 바이너리

파일로 배포되겠지요?)

어쨌든 제가 사용하는 모든 컴퓨터에 다 Octave를 설치했습니다. 모든 컴퓨터가 사양이 그리 좋지 않은데도 잘 동작하는 것을 보면 Octave가 생각만큼 무거운 소프트웨어는 아닌 것 같습니다.

(윈도우즈는 사무용 노트북에 Windows 10 64bit를 설치해 사용하고 있고, 우분투는 이 노트북에 듀얼부팅으로 윈도우즈와 같이 사용하고 있습니다. Mac OS X의 경우 2009년형 맥북이고, OS X Yosemite를 사용하고 있습니다. 쓰고 보니 모든 컴퓨터가 꽤 오래전에 산 것들이네요. Octave에 상관없이 빨리 바꿔야 할 것 같습니다.)

이제 동작도 했으니 확인해보라고 하셨던 1+1과 12*12를 구해보겠습니다. 먼저 Octave를 첫 실행하면 그림 1-5처럼 검은 화면이 나오는데요. 마치 예전 MS-DOS나 우분투의 터미널 같은 화면입니다.

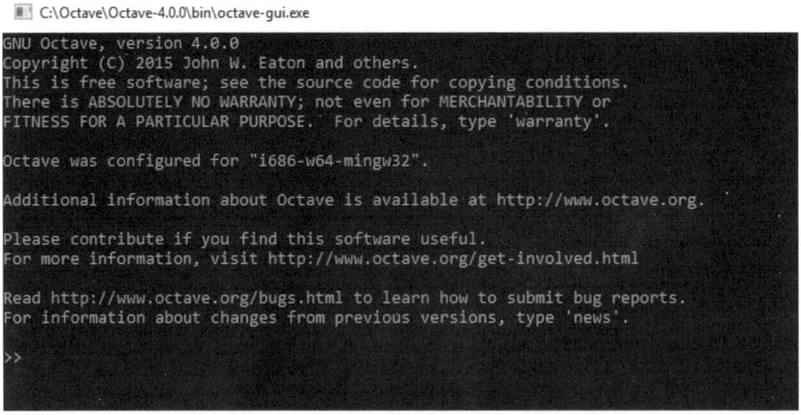

```
C:\Octave\Octave-4.0.0\bin\octave-gui.exe
GNU Octave, version 4.0.0
Copyright (C) 2015 John W. Eaton and others.
This is free software; see the source code for copying conditions.
There is ABSOLUTELY NO WARRANTY; not even for MERCHANTABILITY or
FITNESS FOR A PARTICULAR PURPOSE.  For details, type 'warranty'.

Octave was configured for "i686-w64-mingw32".

Additional information about Octave is available at http://www.octave.org.

Please contribute if you find this software useful.
For more information, visit http://www.octave.org/get-involved.html

Read http://www.octave.org/bugs.html to learn how to submit bug reports.
For information about changes from previous versions, type 'news'.

>>
```

그림 1-5 Octave를 처음 실행했을 때 나오는 실행화면

화면에 ' 〉〉 ' 표시 옆에 커서가 깜박거리는데, 키보드로 입력하면 그대로 창에 입력됩니다.

설치와 실행을 마쳤으니 이제 말씀하셨던 Octave에서 1+1의 결과와 12*12 의 결과를 구해보겠습니다. 일단 무작정 수식들을 명령 창에 그대로 넣어보았습니다.

```
>> 1 + 1
ans = 2
>> 12 * 12
ans = 144
```

이렇게 입력하면 다음 그림 1-6과 같은 화면을 볼 수 있습니다.

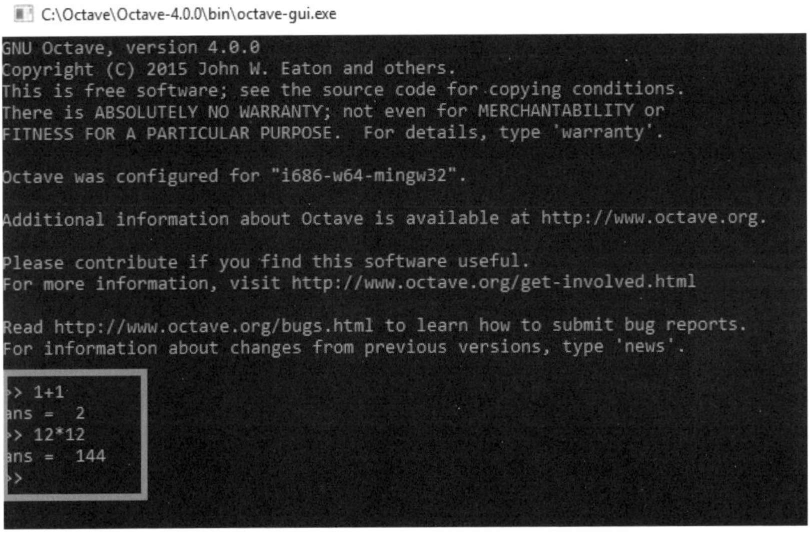

C:\Octave\Octave-4.0.0\bin\octave-gui.exe

그림 1-6 1+1와 12*12를 Octave로 계산

정확하게 2와 144가 나오네요. 거기다 'ans＝'로 표시해주는 걸 보니 Octave 는 꽤 친절한 친구인 듯합니다.

일단 무사히 설치를 마치고 프로그램에서 단순 계산까지 확인해보았습니다. 아직은 단순히 계산만 시키다 보니 저에게 Octave는 그냥 'MS-DOS 모양의 성능 좋은 큰 계산기'처럼 느껴지네요.
이 큰 계산기가 만능이 되도록 앞으로 열심히 공부해보도록 하겠습니다.

날이 추우니 건강 조심하세요.
지금 미국은 아침이겠네요. 즐거운 하루 보내시기 바랍니다.

P.S.
Octave에는 GUI와 CLI 두 가지 버전이 있습니다. GUI는 Graphic User Interface, CLI는 Command Line Interface의 약자로 GUI는 그래픽 형태, CLI는 자판 입력 형태를 가지고 있습니다. 두 가지 버전은 실행되는 형태가 다를 뿐 결과의 차이는 없었습니다. 그러나 체감상 제 컴퓨터에서는 GUI보다는 CLI가 훨씬 빠르게 움직이는 것 같아 저는 앞으로의 공부에서는 계속 CLI 버전을 사용하려고 합니다.

1-3. 디지털 사운드 프로세싱, 어떤 것들을 공부할 것인가?

From : octavejwchae@gmail.com
To : octavehhjung@gmail.com
Subject : 디지털 사운드 프로세싱, 어떤 것들을 공부할 것인가?

보내준 메일은 잘 받았습니다. 아무래도 처음 사용하는 소프트웨어이다 보니 Octave를 설치하고 실행하는 것이 그리 녹록지 않았을 듯한데 고생했겠네요. 저 역시 맥에서 그냥 Octave 3.8.0의 설치 파일을 이용하여 설치, 사용 중인데 별다른 문제는 없어 보입니다. (참고로 저는 Mac OS X Version 10.11 'El Capitan'을 사용하고 있답니다.)

오늘은 우리가 앞으로 공부할 것들이 무엇인지에 대하여 간략하게 정리해볼까 합니다.

'디지털 사운드 프로세싱(Digital Sound Processing)'을 이해하려면 디지털이 무엇인지 사운드가 무엇인지 그리고 프로세싱이 무엇인지를 알면 되겠군요. 말장난 같다고요? 몇 년간 저를 봐와서 알겠지만 공부할 때 말장난하는 사람 아닌 거 알죠?

정말 우리는 디지털이라는 것이 무엇을 의미하는지 사운드는 어떻게 구성되는지, 그리고 그 사운드를 어떻게 다룰 것인지(프로세싱 : Processing – 처리)를 앞으로 공부하게 될 것입니다.

:: 디지털(Digital)

디지털(Digital)의 정의는 '0과 1의 신호로 계수화하는 것'이라고 되어 있습니다. 요즘은 주변의 많은 것이 디지털이라는 표현을 쓰다 보니 꼭 정의가 아니더라도 대략 이런 것이 아닐까?라는 감각이 있을 텐데 정의를 보니 도대체 무슨 의미인지 오히려 알쏭달쏭합니다.

다른 정의를 찾아보니 '아날로그와 대응되는 의미로, 임의의 시간에서 값이 최솟값의 정수배로 되어 있고, 그 이외의 중간값을 취하지 않는 양을 가리킨다 (출처 : 두산백과)'라고 나와 있군요.

그렇습니다. 아날로그 신호라는 것이 연속적인 변화를 하는 신호라면 디지털 신호는 중간값을 취하지 않는, 즉 연속적이지 않은 신호를 말합니다. 연속적이지 않다는 것은 시간 축에 대해서 연속적이지 않다는 것과 그 신호의 크기(진폭)에 대해서 연속적이지 않다는 것을 의미하죠. 혹시 좀 더 확실하게 느끼고 싶을지도 모르니 현후 군이 즐겨듣는 음악 하나를 Audacity라는 소프트웨어를 이용해서 불러온 후 시간 축을 마구마구 확대해보세요. 어떤 결과가 나오나요?

(*Audacity는 소리를 편집할 수 있는 무료 소프트웨어인데 앞으로 사용할 일이 종종 있을 거 같으니 현후 군의 컴퓨터에 Audacity를 설치하는 게 좋을 거예요.)

Audacity에서 소리 파일의 시간 축을 확대하면 그림 1-7과 같은 화면을 보게 될 텐데요.

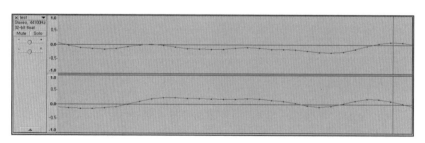

그림 1-7 소리 파일의 아주 짧은 순간을 본 모습

어떤가요? 자연스럽게 이어져 있는 파형이라고 생각했는데 자세히 들여다보니 점으로 표시되어 있죠? 그렇습니다. 디지털 신호(Digital Signal)라고 하는 것은 이렇듯 불연속적인 데이터로 만들어진 신호를 말합니다.

:: 샘플링 비율(Sampling Rate, Sampling Frequency)

그렇다면 그림 1-7의 신호는 얼마나 듬성듬성 점으로 표시되어 있을까요? 답은 화면의 왼편을 보면 알 수 있는데요. 화면 왼편에 보면 Stereo, 44100Hz라고 쓰여 있는 것을 확인할 수 있습니다. 바로 우리가 불러온 음악은 1초에 44100번 나누어서 점으로 표시하는 것입니다. 이것을 일반적으로 샘플링 비율(Sampling Rate) 또는 샘플링 주파수(Sampling Frequency)라고 하며 오디오 파일의 주파수 표현은 그 오디오 파일이 가지고 있는 샘플링 주파수의 1/2에 해당하는 주파수까지 표현 가능하다고 합니다. (위의 파일은 44100Hz의 샘플링 주파수를 가지고 있으니 표현할 수 있는 주파수는 1/2인 22050Hz까지겠지요.)

:: 양자화 비트(Quantization Bit, Bit Depth, Bit Resolution)

그런데 그림 1-7에서 보면 시간 축에 대해서도 잘게 나누어져 있지만, 진폭 축(크기)에 대해서도 연속적이지 않다는 것을 알 수 있습니다. 이렇듯 디지털 신호로 만들어지는 과정에서는 진폭 축에 대해서도 일정한 비율로 듬성듬성 나누어지게 되는데 이 과정을 양자화(Quantization) 과정이라고 하고 얼마나 촘촘히 나눌 것인가를 결정하는 것이 바로 양자화 비트(Quantization Bit), 비트뎁스(Bit Depth) 또는 비트 해상도(Bit Resolution)라고 합니다.

그림 1-7의 왼편 Stereo, 44100Hz 아래에 16-bit PCM이라고 쓰여 있는 것이 보이는데 이것은 진폭을 16-bit로 나누었다는 것을 의미합니다. 16-bit는 2의 16제곱(2^{16})을 의미하므로 진폭 축이 총 65,536단계로 나누어져 있는 것이죠.

:: 사운드(Sound)

디지털 사운드 프로세싱(Digital Sound Processing)의 두 번째 주제는 사운드, 바로 소리군요.

이미 나와 함께 사운드 디자인 수업도 함께했었고 사운드 디자이너로서 다양한 경험까지 해보았으니 누구보다도 소리라는 것에 대해서 잘 이해하고 있겠지만 그래도 본격적으로 디지털 사운드 프로세싱을 이야기하기에 앞서 간략하게 정리를 하고 가도록 하죠.

사운드 디자인에서 소리를 다루는 방법을 한마디로 어떻게 정리했었죠?

'어떤 소리의, 어떤 요소를, 어떻게 제어할 것인가?'

그렇습니다. 위와 같이 한마디로 정리할 수 있었죠.

:: 어떤 소리의

이것은 소리의 재료와 관련된 이야기입니다. 소리의 재료는 크게 실제 존재하는 소리(Real Sound)와 인위적으로 만들어진 소리(Imaginary Sound)로 구분되며 인위적으로 만들어진 소리는 주기적 파형(보통 Generated wave라고 부르죠.)과 노이즈(Noise)로 다시 나눌 수 있습니다.

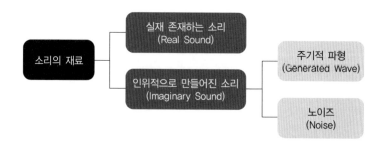

현실에 자연적으로 존재하는 소리는 마이크를 가지고 직접 녹음을 해서 얻을 수 있을 거고요. 인위적으로 만들어진 소리인 주기적인 파형이나 노이즈는 수학적 계산을 통해 만들어낼 수 있습니다. 다음 메일부터는 위와 같은 사운드들을 얻거나 만들어내는 방법들에 대하여 설명을 하게 될 것입니다.

:: 어떤 요소를

이것은 소리의 3요소와 관련된 이야기죠. 소리의 3요소가 무엇이었나요?

소리의 3요소 - 음량(소리의 크기), 음정(소리의 높낮이), 음색(소리의 밝기)

위와 같이 소리는 음량, 음정, 음색 3가지 요소를 가지고 있었죠. 사운드 디자인에서는 소리의 3요소를 변화시켜서 우리가 원하는 소리를 만들어내는 일을 했었죠. 반면에 사운드 프로세싱은 **'어떻게 저 3가지 요소(음량, 음정, 음색)를 변화시킬 것인가?'**에 대한 이야기가 될 것입니다.

예를 들어 사운드 디자이너 시절에는 우리가 녹음한 사운드의 음량을 크게 하려고 볼륨 컨트롤러(Volume Controller)라는 도구를 사용했다면 이제부터는 **어떻게 볼륨 컨트롤러를 구현할 것인가?**를 공부하게 되는 것이죠.

:: 어떻게 제어할 것인가?

이것은 소리의 제어에 관한 이야기였습니다. 소리를 제어하는 방법으로 우리는 다음과 같은 3가지의 방법으로 분류했었죠.

1. 물리적 제어장치에 의한 제어
2. 시간의 흐름에 따른 제어
3. 소리에 의한 소리의 제어

하지만 디지털 사운드 프로세싱을 공부하면서 이 부분에 관해서는 이야기하지 않을 것입니다.

왜냐하면 위에서 언급한 소리의 3요소를 변화시키기 위해서 우리는 이미 소리를 제어해야 하니까요. 만약 필요하다면 그때마다 간략하게 이 내용을 언급하도록 하겠습니다.

메일을 쓰고 보니 이미 현후 군이 너무나 잘 알고 있는 내용에 대하여 정리를 하게 되었군요.

여기서 마치면 현후 군이 다음 시간까지 공부할 내용이 없을 터이니 2가지 과제를 내도록 하겠습니다.

1. Audacity를 설치하고 현후 군이 좋아하는 음악을 불러온 후, 시간 축을 확대하여 디지털화된 음악 파일의 샘플의 모습을 확인해보기

2. Audacity로 주변의 소리를 녹음하여 웨이브(.wav) 파일로 저장한 후, Octave에서 웨이브(.wav) 파일을 불러오기. 그리고 그래프로 확인해보기

2번 과제를 하기 위해서는 wavread()라는 함수와 plot()이라는 함수를 사용하여야 할 것입니다. 그런데 이 함수들에 대해서 제가 아직 설명을 안 했죠? 그런데 어떻게 과제를 할 수 있느냐고요? Octave에는 이런 경우를 대비해서 help라고 하는 명령이 있습니다.

wavread()라는 함수의 사용법에 대해서 궁금하다면 그냥 help wavread라고 쓰고 엔터(Enter) 키를 누르면 wavread의 사용 방법에 대해서 친절하게 설명해줄 것입니다.

예를 들어 Octave를 종료하고자 할 때 사용하는 명령어로 'exit'이라는 것이 있는데 이 명령어에 대해서 알고 싶다면 다음과 같이 help exit이라고 입력한 후 엔터를 누르면 다음과 같이 'exit'이라는 명령어에 대해서 친절하게 설명해줄 것입니다.

```
octave:1> help exit
'exit' is a built-in function from the file libinterp/corefcn/toplev.cc

 -- Built-in Function: exit (STATUS)
 -- Built-in Function: quit (STATUS)
    Exit the current Octave session.  If the optional integer value
    STATUS is supplied, pass that value to the operating system as the
    Octave's exit status.  The default value is zero.

… 이하 생략
```

그럼 즐거운 하루 보내고 과제도 즐겁게 풀어보기를 바랍니다.

채진욱

Chapter 02

소리의 재료들

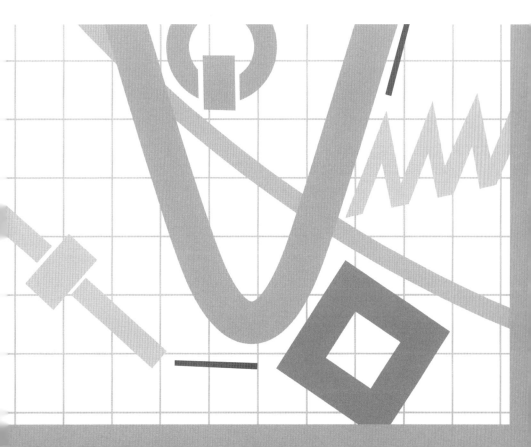

Chapter

02 소리의 재료들

2-1. Audacity 설치와 녹음, Octave에서 소리 불러오기와 그래프로 표시하기

From : octavehhjung@gmail.com
To : octavejwchae@gmail.com
Subject : Audacity 설치와 녹음, Octave에서 소리 불러오기와 그래프로 표시하기

보내주신 메일은 잘 받았습니다.

메일 내용을 보니 학부 때 배우던 추억들이 새록새록 기억나면서 다시 대학생이 된 것 같았습니다.

보내주신 과제를 수행하기 위해 Audacity 홈페이지(http://www.audacityteam.org)의 Download 탭에서 각 OS에 맞는 인스톨러를 내려받아서 설치했습니다.

그림 2-1 Audacity 공식 홈페이지(왼쪽)와 설치 완료된 Audacity의 모습(오른쪽)

다운로드 받은 인스톨러를 실행 후, Next를 몇 번 누르니 편하게 컴퓨터에 설치되었습니다.

설치하면서 홈페이지의 Audacity 소개를 살펴보니 말씀하셨던 소리를 편집하는 기능뿐 아니라 녹음, 효과, 소리 분석 등 여러 가지 유용한 기능이 많이 있었습니다. 앞으로 다양한 사운드 작업에서 유용하게 사용하게 될 것 같습니다.

일단 말씀하신 대로 제가 좋아하는 노래를 메뉴 창에서 File - Open으로 불러왔습니다.

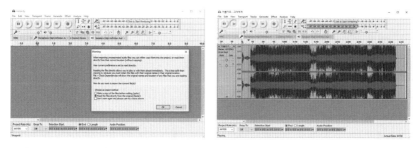

그림 2-2 Audacity에서 오디오 파일을 불러온 화면(왼쪽)과 불러온 소리의 파형(오른쪽)

WAV 파일을 불러올 때는 그림 2-2(왼쪽)와 같이 경고창이 나타나는데, 이는 원본 파일을 복사해서 사용할 것인지, 원본 파일 자체를 불러올 것인지에 대한 경고창입니다. 복사해서 불러오면 편집하다 저장해도 원본 파일에는 손상이 없지만 편집할 때의 속도가 느리고, 원본 파일 자체를 불러오면 속도는 빠르지만, 원본 파일을 복구할 수 없게 됩니다.

편집할 것은 아니기에 원본 파일을 그대로 불러왔습니다. 그리고 확대를 위해서 상단 녹음 버튼 오른쪽에 있는 '돋보기 버튼'을 클릭해 확대하고 싶은 부분에 커서를 대고 마구마구 클릭하였습니다.

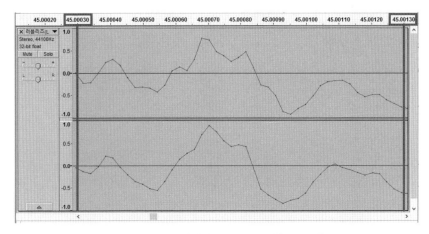

그림 2-3 소리 파일의 0.001초 동안을 본 모습

그림 2-3은 확대를 계속해서 어느 정도 점들이 보일 때까지 마구마구 확대한 모습입니다. 대략 화면의 구간은 45.00030초부터 45.00130초까지 0.001초 (1ms) 동안의 모습입니다.

보이는 부분들만 직접 세 보니 저 빨간 선 안에는 점들이 45개 정도가 들어 있는 것 같습니다. 45개의 불연속적인 점들도 확대를 안 하면 세밀해 보이는 데, 이게 더 늘어나면 늘어날수록 불연속적인 값들의 간격이 점점 좁아져서 음원 표현이 더욱 세밀해지겠죠?

(이래서 48000Hz, 96000Hz, 192000Hz 등 점점 높은 샘플링레이트를 지원 하는 오디오 인터페이스가 많아지나 봅니다.)

이제 두 번째 과제를 위해 외부 소리를 녹음해보았습니다.

처음에는 저의 애완 고양이들의 울음소리를 녹음하려고 했으나, 몇 분 동안 단 한 마디도 하지 않는 고양이들 때문에 결국 그냥 TV 소리를 녹음해서 사용 했습니다.

녹음은 핸드폰에 있는 녹음 어플로 했습니다. 좋아하는 노래를 불러왔을 때와
마찬가지로 녹음한 파일을 File-Open으로 불러옵니다. 또한 편집해서 다시
저장해야 하므로, 복사본을 만들지 않고 원본 파일 그대로를 사용합니다.
(Audacity에 음원 파일을 그대로 드래그 앤 드롭해도 열립니다.)

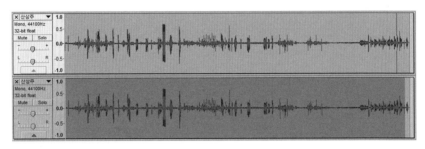

그림 2-4 불러온 녹음 파일(위)과 사용하지 않을 부분을 드래그로 선택했을 때(아래)의 배경
색 변화

그림 2-4를 보면 사용하고 싶은 부분보다 앞뒤로 여러 가지 소리가 녹음된
것을 확인할 수 있는데요. 이 부분은 드래그해서 선택한 뒤 삭제해주면 됩니
다. (파형 위에 마우스를 올려보면 마우스 커서의 모양이 포인터에서 'I' 모양
으로 변합니다.)
필요 없는 부분을 삭제하면 사용할 부분이 작게 남는데요. 확대해서 사용할
부분의 앞뒤를 직접 들어보며 제대로 삭제했는지 확인하면 됩니다.

사용할 부분만 잘 남겼다면 이제 이 파일을 .wav 파일 형식으로 만들어야 하
는데요, 메뉴창의 File - Export Audio를 이용해서 쉽게 wav 파일로 만들
수 있습니다. Export Audio를 누르면 파일을 저장할 위치와 저장할 파일의
이름을 설정할 수 있습니다. 그 후에 'Save' 버튼을 누르면 'Edit Metadata'
창이 나오게 되는데, 이 부분은 오디오 파일의 정보를 넣어주는 화면입니다.
별다른 정보를 넣지 않고, 그냥 'OK'를 눌러도 오디오 파일은 생성됩니다.

이제 만들어진 파일을 Octave에서 불러와야 하는데, 생각해보니 어떻게 열어야 할지를 알 수가 없었습니다. 그래서 말씀해주신 대로 help 명령으로 wavread에 대한 부분을 살펴보았습니다.

```
>> help wavread
'wavread' is a function from the file C:\Octave\Octave-4.0.0\share\octave\
4.0.0\m\audio\wavread.m

 -- Function File: Y=wavread (FILENAME)
 -- Function File: [Y, FS, NBITS]=wavread (FILENAME)
 -- Function File: [...]=wavread (FILENAME, N)
 -- Function File: [...]=wavread (FILENAME, [N1 N2])
 -- Function File: [...]=wavread (..., DATATYPE)
 -- Function File: SZ=wavread (FILENAME, "size")
 -- Function File: [N_SAMP, N_CHAN]=wavread (FILENAME, "size")
     Read the audio signal Y from the RIFF/WAVE sound file FILENAME.

     If the file contains multichannel data, then Y is a matrix with the
     channels represented as columns.

… 중략

     The optional return value FS is the sample rate of the audio file
     in Hz.  The optional return value NBITS is the number of bits per
     sample as encoded in the file.

     See also: audioread, audiowrite, wavwrite.

… 이하 생략
```

여러 가지 설명이 나오지만 일단 필요한 부분들을 보니, '파일이 멀티채널 데이터를 가지고 있다면, Y는 그 채널을 포함하는 배열이고, columns (세로축)에 표현된다.'라는 것이 가장 중요한 설명인 것 같습니다. 그리고 FS는 Sampling Rate(샘플링 비율)를 NBITS는 the number of bits per sample(샘플당 비트의 개수, 즉 양자화 비트)을 나타내고 있었습니다. 각각의 알파벳이 의미하는 것은 정확히 모르겠지만, 제일 위에서 두 번째 함수를 쓰면 될 것 같아서 일단,

```
>> [Y, FS, NBITS] = wavread(sansamju.wav)
```

라는 함수를 사용해보았습니다. 결과는

'sansamju' undefined near line 1 column 21.

sansamju라는 파일을 정의하지 못한다고 해서 당황했습니다. '도움말대로 분
명히 제대로 넣었는데…'라는 생각을 하며 예제를 찾아보니 파일 이름을 그대
로 사용하는 것이 아닌 '파일 이름'으로 이름 앞뒤로 따옴표를 붙여서 넣어주라
고 되어 있더군요. 그래서 다시 따옴표를 붙여서 넣어주니 이번엔

'failed to open file sansamju.wav'

라고 나왔습니다.

교수님의 추가 설명 : MATLAB 사용자를 위하여
Octave에서는 파일이름에 작은 따옴표(")나 큰 따옴표(""), 모두를 사용해도 되지만 MATLAB에서
사용을 하는 경우는 반드시 작은 따옴표(' ')를 사용해야 한답니다.

'아니, 왜 못 불러오지? 뭐가 잘못된 거지?'라고 생각하며 그냥 오디오 파일을
명령창에 끌어당겨봤습니다. 그렇게 해보니 오디오 파일의 경로인 'c:₩
users₩....₩sansamju.wav'가 나오더라고요.
'혹시 경로를 못 찾아서 그런 건가?'라는 생각에 아까 명령창에 경로를 입력해
서 다시 넣어주었습니다.

```
>> [Y, FS, NBITS]=wavread('c:\users\...\sansamju.wav')
```
(* 파일 경로 안의 ...은 제가 임의로 축약한 부분입니다. 실제로는 모든 파일 경로를 다 써주어야 합니다.)

이렇게 하니 그림 2-5처럼 소수들이 쭉 명령창에 나타나면서 forward, back, quit가 나왔습니다.

그림 2-5 파일을 열고난 후 나오는 끝없는 숫자들

제가 뭘 잘못한 것인지, 혹시 제대로 된 건지, 이 숫자들의 의미는 뭔지 잘은 모르겠으나 일단은 키보드의 q(quit)를 눌렀습니다. 제대로 되었다면 그래프가 잘 나올 테니 되든 안 되든 일단은 그래프부터 그려보기로 했습니다.

plot 함수를 사용하기 위해서 help plot으로 함수의 사용법을 알아보았습니다.

```
>> help plot
'plot' is a function from the file C:\Octave\Octave-4.0.0\share\octave\
4.0.0\m\plot\draw\plot.m
```

```
-- Function File:  plot (Y)
-- Function File:  plot (X, Y)
-- Function File:  plot (X, Y, FMT)
-- Function File:  plot (..., PROPERTY, VALUE, ...)
-- Function File:  plot (X1, Y1, ..., XN, YN)
-- Function File:  plot (HAX, ...)
-- Function File: H=plot (...)
    Produce 2-D plots.

    Many different combinations of arguments are possible.  The
    simplest form is

        plot (Y)

··· 이하 생략
```

plot의 경우 wavread와는 비교도 안 될 정도로 많은 설명이 나왔습니다. 대부분 무슨 말인지는 알 수 없었기에 가장 간단한 형태인 plot(Y)를 해보았습니다.

>> [Y, FS, NBITS]=wavread('c:\users\...\sansamju.wav')
>> plot(Y)

그러자 신기하게도 새로운 창이 열리더니, 소리의 파형이 나타났습니다.

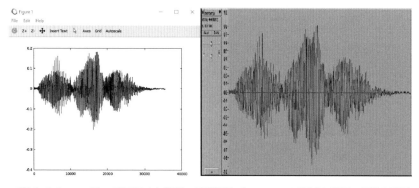

그림 2-6 Octave의 그래프로 본 음원 파일(왼쪽)과 Audacity에서 본 음원 파일(오른쪽)

제대로 그래프가 그려진 것인지 비교하기 위해 plot으로 그린 그래프와 Audacity에서의 파형의 모습을 비교해보았습니다. plot 함수로 만든 음원 파일의 모습(그림 2-6의 왼쪽 그림)과 Audacity에서 불러온 모습(그림 2-6의 오른쪽 그림)이 거의 비슷한 것을 보고는 '과제를 잘 해냈다'라는 생각과 함께 '오디오 파형의 그래프를 보려면 plot 함수를 이용해 그리면 되겠구나'라는 생각이 들었습니다.

하지만 깨달은 것보다 더 많은 궁금증이 생겼습니다.

일단 plot에서의 세로축은 파일이 가지고 있는 각 샘플당 볼륨값(각 샘플의 크기)인 건 알겠고, 가로축 역시 샘플의 수라는 건 알겠는데요. 이렇게 봐서는 몇 초짜리인지는 정확하게 구별이 되지 않는 것 같습니다.

궁금한 것들만 잔뜩 늘어난 과제 해결이었는데요. 이 다음 번 메일에 명확하게 해설해주시리라 믿습니다.
그럼 좋은 하루 보내시고, 다가오는 크리스마스도 따뜻하게 보내시기 바랍니다.

2-2. 주기적인 파형 만들기 Part I

From : octavejwchae@gmail.com
To : octavehhjung@gmail.com
Subject : 주기적인 파형 만들기 Part I

한국은 연말 분위기가 물씬 풍기겠네요. 연말을 따뜻하게 보낼 계획은 세웠나요?
설마 열심히 Octave와 씨름하며 컴퓨터의 열기로 인한 따뜻한 연말을 계획하
고 있는 건 아니겠죠?
보내준 메일은 잘 봤고요. help명령만으로 과연 결과를 낼 수 있을까 했는데
잘해냈군요.

과제에 대해서 잠깐 설명을 하자면

```
>> [Y, FS, NBITS] = wavread('sansamju.wav')
```

라고 실행을 했을 때 Y는 smsamju.wav라는 오디오 파일로부터 읽어온 오디오
데이터를 저장할 공간, 즉 변수를 의미합니다. 이 이름은 우리가 마음대로 정해
줄 수 있습니다. (단, 이미 Octave에서 사용하고 있는 이름들은 제한되고요.)

예를 들어 우리가 불러온 오디오 파일의 첫 번째 샘플이 0이었고 두 번째 샘플
이 0.7이었고 세 번째 샘플이 0.5였고 네 번째 샘플이 0.45였다면… Y라고
하는 변수에는 (0   0.7   0.5   0.45   …)와 같은 방식으로 저장됩니다.
그래서 저 명령을 실행했을 때 Y에 저장된 값들을 보여주기 위해서 화면 한가
득 이해 못할 숫자들을 보여주었던 거랍니다. 만약 오디오 파일을 불러올 때,
화면에 잔뜩 이해 못할 숫자가 보이는 것이 싫다면 명령 마지막에 ' ; '을 입력
하면 된답니다.

```
>> [Y, FS, NBITS]=wavread('sansamju.wav') ;
```

이렇게 말이죠. 이렇게 명령을 실행하면 Y, FS, NBITS라는 저장 공간에 오디오 파일로부터 데이터들을 불러와 저장하게 되지만 화면에는 보여주지 않게 되죠.

FS라는 저장소에는 읽어오는 파일의 샘플링레이트가 저장되고, (아마 과제의 경우라면 FS에는 44100이라는 값이 저장되었을 것입니다. 확인하고 싶다면 FS라고 입력 후 Enter를 치면 FS=44100이라고 나오는 것을 확인할 수 있을 것입니다.) NBITS라는 저장소에는 읽어오는 파일의 비트뎁스(Bit Depth)가 저장이 되는 것이죠.

그래프로 나타내기 위해 plot을 했을 때, plot(Y)라고만 입력을 했는데 그래프가 그려졌다고 했죠? 신기하게도 말이죠? 그럼 help plot을 다시 살펴볼까요?

```
>> help plot
'plot' is a function from the file C:\Octave\Octave-4.0.0\share\octave\
4.0.0\m\plot\draw\plot.m

 -- Function File:  plot (Y)
 -- Function File:  plot (X, Y)
 -- Function File:  plot (X, Y, FMT)
 -- Function File:  plot (..., PROPERTY, VALUE, ...)
 -- Function File:  plot (X1, Y1, ..., XN, YN)
 -- Function File:  plot (HAX, ...)
 -- Function File: H=plot (···)
```

help를 보면 plot을 plot(Y) 형식으로만 사용할 수도 있고 plot(X, Y)로 쓸 수도 있고 점점 옵션들이 다양해지는 것을 볼 수 있죠. 만약 plot(Y)로만 사용했다면 X축은 Y의 인덱스, 즉 Y의 몇 번째 데이터인가를 나타내며 Y축은 데이터값을 보여줍니다.

그러니까 현후 군이 보았던 그래프는 X축이 샘플수, Y축이 각 샘플의 크기를 보여주는 것이죠.

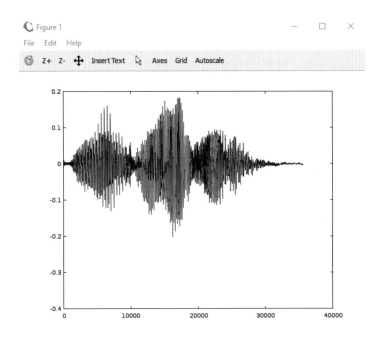

그림 2-7 Octave에서 불러온 음원 파일의 그래프

그림 2-7에서 X축을 보면 40000이 조금 안 되는 것이 보이는데 샘플링레이트가 44100, 즉 1초에 44100개의 샘플을 갖는 데이터니까 현후 군이 불러온 오디오는 1초가 조금 안 되는 오디오였음을 알 수 있죠.

현후 군이 불러온 데이터 Y의 좀 더 정확한 개수를 알 수 있다면 시간을 더욱 정확히 알 수 있겠네요. 그렇다면 length라는 명령을 사용하여 Y라고 하는 저장소에 저장된 데이터의 개수를 확인해보도록 하죠.

```
>> length(Y)
ans = 35526                          % Y에 저장된 데이터의 개수
```

그렇다면 저 값을 44100으로 나누면 정확한 시간을 알 수 있겠네요.

```
>>ans / FS
ans = 0.80558                        % 샘플의 정확한 시간
```

FS 대신 우리가 이미 알고 있는 샘플링레이트를 사용할 수도 있지만 앞서

```
>> [Y, FS, NBITS] = wavread('sansamju.wav')
```

라는 명령을 통해서 FS라는 변수(저장 공간)에 샘플링레이트값을 저장했으니
〉〉ans/FS라고 쓰는 것이 더욱 일반적이겠죠?

그렇다면 X축이 샘플수가 아니라 시간으로 표시되게 하고 싶다면 어떻게 하면
될까요?
Y의 첫 번째 값, 두 번째 값, 세 번째 값… length(Y) 번째 값까지의 데이터를
그래프로 나타낸 것이었으니까 현재의 X축 값이 1, 2, 3, 4,… length(Y)라고
볼 수 있는 것이죠.

그렇다면 1부터 length(Y)까지의 X축을 FS로 나눠주면 어떨까요?
그럼 X축으로 사용할 변수를 하나 만들도록 하겠습니다.

```
>> time = 1 : length(Y)
```

이 명령은 1부터 1씩 증가하여 Y의 데이터 개수만큼의 값을 만들어서 time이라는 저장소에 저장하라는 명령입니다.
좀 더 알아보기 쉽게 test라는 저장소에 1부터 10까지의 값을 순서대로 저장해 보도록 하겠습니다.

```
>> test = 1 : 10
test =
        1    2    3    4    5    6    7    8    9    10
```

이처럼 test에 1부터 10까지의 데이터가 저장된 것을 확인할 수 있습니다.
그렇다면 test가 1부터 10이 아니라 0.1부터 1까지의 값을 갖게 하고 싶다면?
그렇습니다. test의 각 데이터를 10으로 나눠주면 되겠죠. 이때는 다음과 같이 하면 됩니다.

```
>> test2 = test / 10
test2 =
   0.10000  0.20000  0.30000  0.40000  0.50000  0.60000  0.70000  0.80000  0.90000  1.00000
```

test2에는 test의 각 데이터를 10으로 나눈 값을 저장하라는 것이죠.
그렇다면 다시 본론으로 돌아가서 X축을 시간으로 표시하고 싶다면 어떻게 하면 되죠?

```
>> time = time / FS ;
```

라고 하면 될 것입니다.

이제 plot(time, Y)라는 명령을 입력하면 X축이 샘플수에서 시간(초)으로 바
뀐 것을 확인할 수 있을 거랍니다. 그럼 1부터 300번째 샘플까지만을 그래프
로 보고 싶다면 어떻게 하면 될까요?

```
>> plot(time(1 : 300), Y(1 : 300))
```

이라고 합니다. Y(1:300)이라는 것은 Y라고 하는 저장소의 1번부터 300번째
데이터를 의미합니다. 따라서 X축은 1부터 300번까지의 값이 되고 Y축은 1번
부터 300번째 데이터를 보여주게 됩니다. 그림 2-8은 두 개의 코드에 따라
그려진 그래프를 비교해본 것입니다.

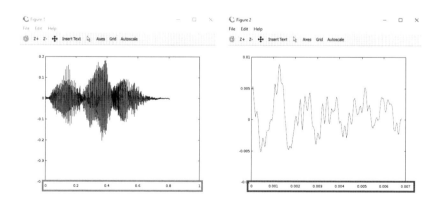

그림 2-8 plot(time, Y)일 때의 그래프(왼쪽)와 plot(time(1 : 300), Y(1 : 300))일 때의 그래프
(오른쪽)

오늘은 주기적인 파형을 만드는 방법에 관해서 이야기해보겠습니다.

우선 사인파(Sine Wave), 사인파는 정현파, 순수파와 같은 이름을 가지고 있으며 배음이 하나밖에 없는 특징을 가지고 있습니다. 만약 440Hz의 사인파라면 1초에 440번 진동하는 배음이 440Hz 하나밖에 없는 파형이죠.
사인(Sine), 이거 어디서 많이 들어본 듯한데요. 그렇습니다. 중·고등학교 수학 시간에 많이 다루었던 바로 그 사인이랍니다.

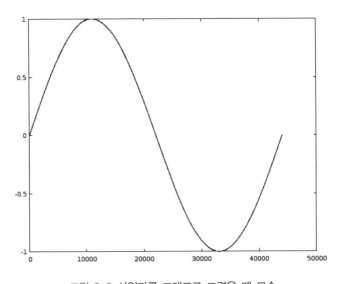

그림 2-9 사인파를 그래프로 그렸을 때 모습

그 모습은 그림 2-9와 같이 생겼었죠. 우리가 중·고등학교 때 배운 바로는 사인은 0부터 점점 커져서 sin(90도)=sin(pi/2)가 되면 그 값이 1이 되었다가, 점점 그 값이 작아져서 sin(180도)=sin(pi)가 되면 0이 되고 그 값이 점점 더 줄어들어서 sin(270도)=sin(3pi/2)가 되면 −1이 되고 이때부터 점점 값이 커져서 sin(360도)=sin(2pi)가 되면 0이 되는 것을 반복하는 파형이었습니다.

만약 이런 사인의 사이클이 1초에 10번 반복한다면 sin(2*pi*10*t)가 될 것입
니다. 다시 말해서 t가 0에서 1초까지 변하는 동안 sin 값은 0→1→0→
−1→0을 10번 반복하게 될 것입니다.

이것을 조금 더 간단하게 정리하면

$$\sin(2 \times pi \times f \times t)$$

가 되며 여기서 f는 주파수가 됩니다.

그럼 Octave를 이용하여 1초짜리 100Hz의 사인파(Sine Wave)를 만들어볼
까요?

샘플링레이트는 44100으로 설정해서 만들어볼게요.

```
>> time=0 : 1/44100 : 1 ;
>> y=sin(2 * pi * 100 * time) ;
>> plot(time, y)
```

어! 앞에서 다루지 않은 명령이 하나 나온 것 같은데요. time=0 : 1/44100 : 1 ;
이것은 앞서 배운 것의 확장판 같은 것인데요. time이라고 하는 저장소에 0부
터 1/44100만큼씩 커져서 1까지 커지는 값들을 저장하라는 명령입니다.
(0부터 1/44100만큼씩 커져서 1까지 채워지므로 모두 44101개의 데이터가
만들어지게 됩니다. 만약 정확하게 44100개의 데이터로 0부터 1까지를 time
이라는 저장소에 채워 넣고 싶다면 linspace라는 명령어를 사용할 수도 있습
니다.

time=linspace(0,1,44100)과 같이 사용하면 0부터 1까지 같은 간격으로 나

눈 44100개의 값이 time이라는 저장소(변수)에 저장됩니다.)
그 아래의 명령은 sin(2*pi*f*t)를 그대로 적은 것이고요.

그렇다면 사인파가 제대로 만들어졌는지 plot(time, y)로 확인을 해볼까요?

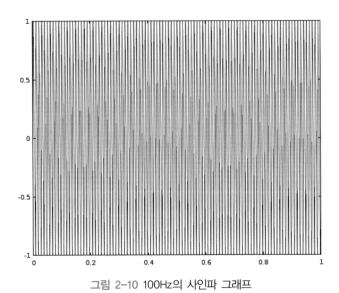

그림 2-10 100Hz의 사인파 그래프

그래프는 그림 2-10처럼 만들어지게 됩니다. 근데 제대로 사인파가 만들어진
것인지 알 수가 없네요. 그렇다면 0.1초까지만 살펴보면 어떨까요? 100Hz,
즉 지금 보이는 것이 제대로 만든 사인파라면 100번 진동하는 사인파니까 보
기가 힘든 것이었다면 0.1초까지만 살펴보면 10번 진동하는 사인파를 확인할
수 있을 것이고 그렇다면 제대로 만들어진 사인파인지를 눈으로 확인할 수 있
지 않을까요?

```
>> plot(time(1 : 4410), Y(1 : 4410))
```

앞서 다뤘던 것 기억하죠? 1번째 데이터부터 4410번째 데이터까지만 살펴보는 것이죠.

이렇게 해서 만든 그래프는 그림 2-11과 같이 나오게 되죠.

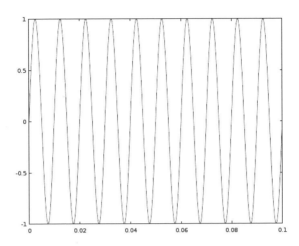

그림 2-11 X축은 0~0.1초, Y축은 10번 진동하는 사인파 그래프

이렇게 만든 사인파를 Audacity를 통해 귀로 확인해볼까요?

지난 시간에 wave 파일을 불러오는 것도 했으니, 당연히 wave 파일로 저장하는 것도 가능합니다.

wave 파일로 저장하기 위해서는 wavwrite라는 명령어를 사용하면 됩니다.

wavwrite 명령은 wavread에 비해서 사용법이 훨씬 간단합니다.

wavwrite(Y, 샘플링레이트, '파일명')이라고 입력하면 됩니다.

우리의 경우는 웨이브 파일로 저장하고자 하는 데이터가 y이고, 파일 이름은 100Hz 사인파라는 의미로 sin100.wav로 저장을 할 것입니다. 따라서

```
>> wavwrite(y, 44100, 'sine100.wav')
```

라고 하면 됩니다.

저장이 잘 되었는지 확인하고자 한다면 ls라는 명령을 입력해보도록 합니다.
ls라는 명령어는 유닉스 계열의 OS에서 현재 디렉터리에 있는 파일들을 보여
달라는 명령어로 list를 줄여서 쓴 것입니다.

그림 2-12 ls 명령을 넣었을 때 보이는 리스트

그림 2-12의 오른쪽 중간 항목과 같이 sine100.wav 파일이 존재하는 것을
알 수 있습니다. 현재의 디렉터리를 확인하고 싶을 때는, pwd라는 명령어를
사용하여 현재의 디렉터리를 확인할 수 있습니다. pwd 역시 유닉스 명령어
중 하나로 Print Working Directory를 의미합니다.

이제 어느 디렉터리에 sine100.wav가 만들어졌는지 확인을 하였으니 Audacity
를 이용하여 만들어진 파일을 불러와서 파형도 확인하고 소리도 들어보도록
합시다.

1. 44100Hz의 샘플링레이트를 갖는 3초 길이의 440Hz짜리 사인파를 만들어봅시다.

2. Sawtooth Wave에 대해서 설명하고 Octave를 이용하여 만들어봅시다.
   hint −1부터 1까지 점점 커졌다가 1이 되면 다시 −1부터 점점 커지기를 반복

3. Square Wave에 대해서 설명하고 Octave를 이용하여 만들어봅시다.
   hint 일정 시간 동안 1이었다가 일정 시간 동안 −1이 되기를 반복

이번에는 모두 설명했던 명령어만으로 구현이 가능한 과제들이니까요. (물론 만드는 과정에 따라서 새로운 명령어가 필요로 할 수도 있겠지만요.)

지난번 과제보다는 쉽지 않을까 생각이 되네요. 그리고 Sawtooth와 Square 에 대해서는 학부 때 공부했던 것을 잘 떠올려보세요.

그럼 좋은 하루 보내길….

채진욱

From : octavehhjung@gmail.com
To : octavejwchae@gmail.com
Subject : 주기적인 파형 만들기 Part Ⅰ_과제 확인

교수님. 메일은 잘 받았습니다. 한국은 크리스마스라 그런지 거리에 사람도 많고 복잡합니다. 저는 그냥 집에서 'someday at Christmas'를 들으면서 케 빈과 함께 크리스마스를 보내려고 합니다.
아! Octave와도 함께 크리스마스를 맞이하겠네요.

먼저 44100Hz의 샘플레이트를 갖는 3초 길이의 440Hz 사인파는 쉽게 만들 수 있었습니다.

```
>> time=0 : 1/44100 : 3 ;
>> y=sin(2 * pi * 440 * time) ;
>> plot(time, y)
```

그러나 화면이 작아서 3초의 440Hz 사인파는 그저 꽉 찬 파란 화면으로만 보였습니다. 그래서 확인을 위해 0.01초까지만 plot으로 그림을 그려 확인해보고 싶었습니다. 0.01초면 사인파가 대략 4번 반복되고 절반 정도가 더 반복되는 그림이 그려질 텐데요. 일단 설명해주신 대로 plot의 각 항목 뒤에 괄호를 붙여 그래프를 그려보았습니다.

```
>> plot(time(1 : 441), y(1 : 441))
```

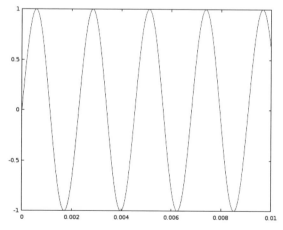

그림 2-13 3초 동안의 440Hz 사인파를 0.01초까지 본 그래프

이렇게 해서 만들어진 그래프는 그림 2-13과 같습니다. 예상대로 파형이 4번 반복된 후 반개의 파형이 그래프에 그려졌습니다. 소리로만 듣던 사인파를 Octave 코드로 만들어서 그래프로 확인해보니, 정말 신기하고 놀라웠습니다.

뿌듯한 마음을 가지고 다음 과제인 Sawtooth, Square의 기본 파형들을 만들어보겠습니다. 그렇게 하려면 먼저 기본 파형들이 어떤 식으로 구성되어 있는지 알아봐야 하겠습니다.

:: Sawtooth Wave(톱니파)

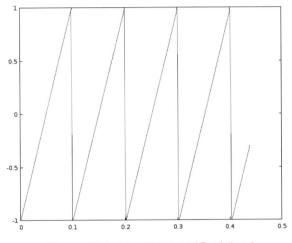

그림 2-14 톱니파를 그래프로 그렸을 때의 모습

톱니파는 그림 2-14와 같이 파형의 모양이 톱날과 비슷한 모양을 가진 소리를 말합니다. 사인파, 사각파보다 훨씬 공격적이고 모양 그대로 날카로운 소리를 가지고 있어, 댄스 음악에서 리드 소리로 많이 쓰입니다. (아무리 봐도 톱날보다는 고양이의 이빨이 더 비슷한 것 같습니다.)

톱니파의 모양은 말씀하신 대로 일정 시간 동안 샘플들의 값이 최솟값(−1)부터 최댓값(+1)까지 연속적으로 증가하다가 어느 시점에서 최솟값(−1)으로 감소했다가 다시 최댓값(+1)까지 연속적으로 증가하는 것을 반복합니다.

샘플레이트가 44100인 3초 길이의 440Hz의(1초의 진행 시간 동안 하나의 주기가 440번 반복하는 파형, 3초일 경우 그래프상에서 한 주기가 총 3 * 440번= 1320번 반복하는) 톱니파를 만들어보겠습니다.

```
>> time = 0 : 1/44100 : 3 ;
>> saw = 0 : 44100 * 3 ;        %....1)
>> saw = mod(saw, 100) ;        %....2)
>> saw = saw / 50 ;             %....3)
>> saw = saw - 1 ;             %....4)
>> plot(time, saw)
```

사인파보다는 더 많은 명령이 쓰였는데요. 하나하나 살펴보면 크게 어려운 것은 없었습니다.

1) 샘플레이트가 44100Hz이고 총 길이가 3초에 해당하는 샘플들을 만들었습니다. 1초가 아니라 3초이기 때문에 saw 변수에는 총 샘플레이트에 3을 곱해 시간으로 설정한 time 변수의 총 샘플 개수와 맞추어주었습니다.

2) 'mod(saw, 100)'은 처음 나온 명령인데요. mod(a, b)의 경우 a를 b로 나눌 때의 나머지를 출력합니다. mod 명령은 다음과 같이 Octave에서 직접 입력해보면 더 쉽게 이해가 될 것입니다.

```
>> mod(2, 3)
ans = 2
>> mod(0.2, 1)
ans = 0.20000
```

   mod 명령을 통하여 전체 44100 * 3개의 샘플에 대하여 100으로 나눈
나머지 값들, 즉 0~99까지의 값들을 반복하게 됩니다.

   이해를 돕기 위해 직접 계산해보면 0, 1, 2~99까지의 샘플은 100으로
나눈 나머지값이 0, 1, 2~99가 되고, 100, 101, 102~199까지의 샘플을
100으로 나눈 나머지값도 위와 같이 0, 1, 2~99가 나오게 됩니다. 이런
식으로 44100개의 샘플을 100으로 나누면 0, 1, 2~99, 0의 값이 441번
반복되게 됩니다.

3) saw값이 0~99의 값을 반복하고 있기에 모든 saw값을 50으로 나눠주면
   모든 saw값들이 0~2의 범위를 가지게 됩니다. (0, 0.02, 0.04~1.98,
   0으로 변하게 됩니다.)

4) 이제 이 전체 샘플들에 -1을 해주면 (saw - 1), saw값의 범위가 0~1~2
   → -1~0~1로 바뀌게 됩니다.

이제 그래프를 그려보면 그토록 기다린 뾰족뾰족 톱니파가 만들어지게 되었습
니다.

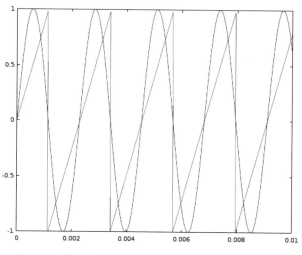

그림 2-15 사인파와 톱니파를 같은 그래프로 그렸을 때의 모습

그림 2-15는 사인파와 톱니파를 같은 그래프에 놓고 비교해본 그림입니다. 부드럽게 이어지는 사인파와는 달리 쭉쭉 뻗어나가는 모습의 톱니파입니다. 이 그래프에서는 보기 편하게 saw를 50샘플만큼 뒤로 미뤄 0부터 시작하게 하였고, 자세하게 보기 위해 plot의 각 항목 뒤에 확대하는 만큼을 붙여주었습니다.

```
>> saw = shift(saw, 50) ;
>> plot(time(1 : 441), y(1 : 441), time(1 : 441), saw(1 : 441) ;
```

추가로 위의 명령들을 사용해보았습니다. 'shift()'의 경우 저장된 값들의 순서를 밀어내는 명령입니다. 그냥 saw를 만들게 되면 -1부터 시작하므로, 보기 편하게 하려고 0부터 시작되도록 밀어주었습니다. 대략 50만큼의 샘플을 밀면 그림 2-15와 같이 0부터 시작하는 그림이 그려집니다.

그리고 두 가지 이상의 그림을 그릴 때는 X축과 Y축의 값을 연속해서 plot 뒤로 넣어주면 가능하다는 것을 Octave 매뉴얼 (https://www.gnu.org/software/octave/doc/interpreter/Two_002dDimensional-Plots.html)에서 찾을 수 있었습니다. 아마 한 화면에 2개, 3개 이상의 그래프를 그릴 때도 이런 식으로 명령을 나열해서 그려주면 되지 않을까 생각됩니다.

:: Square Wave(사각파)

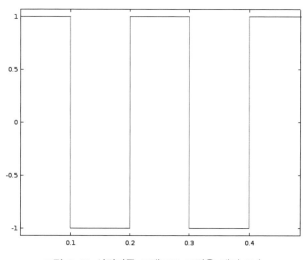

그림 2-16 사각파를 그래프로 그렸을 때의 모습

사각파는 그림 2-16처럼 파형의 모양이 사각형으로 된 소리를 말합니다. 사인파의 부드러운 곡선과는 다르게 각진 모양으로 이루어져 있고, 그래서 소리를 들어봐도 사인파보다는 공격적인 소리를 가지고 있습니다. (개인적으로는 컴퓨터에서 에러날 때 나는 소리와 비슷하다고 봅니다.)

말씀하신 대로 일정한 시간 동안 최댓값(+1)이었다가 일정한 시간 동안 최솟값(-1)을 주기적으로 갖는 소리인데요. 정말 단순하게는 다음과 같이 만들 수도 있었습니다.

```
>> time = 0 : 1/100 : 1 ;
>> square = [1,1,1,1,1,1,1,.........,-1,-1,-1,-1,-1] ;   % 50개의 1, 51개의 -1로 이루어진 배열
>> plot(time, square)
```

먼저 시간을 0부터 1까지 1/100으로 나누면 총 101개의 샘플 개수가 time에 생성됩니다.

(이렇게 직접 숫자를 입력한 변수의 개수를 셀 때는 숫자를 단순히 셈하는 대로 세면 안 되고, 0부터 셈을 세야 되더군요. 조금 귀찮지만, 매번 length로 개수를 확인해주는 게 좋을 것 같습니다. 안 그러면 X축(시간단위별 샘플의 개수)과 Y축(시간대별 샘플의 진폭)의 개수가 맞지 않아 에러가 나면서 그래프에 아무것도 표시되지 않았습니다.)

그리고 사각파의 진폭을 1부터 시작해서 50개의 샘플이 1, 그다음부터는 −1로 시작해서 51개의 샘플을 넣어주고 plot으로 그려주면 1Hz의 사각파가 만들어집니다. 만약 2Hz의 사각파를 만들고 싶다면 sqaure 안에 들어가는 숫자의 개수를 50개로 줄이고, 새로운 함수를 만들어준 뒤 square를 함수 안에 다음과 같이 넣어주면 됩니다.

```
>> square1 = [1,1,1,1,1,...,-1,-1,-1,-1] ;       % 25개의 1과 25개의 -1로 이루어진 배열
>> sq2 = [square1, square1, -1] ;                % 위의 배열이 2번 반복되고 샘플 개수를
                                                   맞추기 위해 -1을 추가해준다.
```

이렇게 하면 2Hz(1초의 진행 시간 동안 두 번 반복하는)의 사각파가 만들어집

니다. 그래프의 위아래가 딱 1~−1까지라서 잘 안 보일 경우 줌아웃(그래프의 메뉴창에 있는 'Z−' 버튼)을 눌러 그래프를 작게 보면 일정 시간 동안 1, −1이 유지되는 것을 볼 수 있습니다.

이렇게 진행하는 건 정말 쉽게 만들 수 있지만 문제는 샘플의 개수가 많아질 때 입니다. 물론 샘플레이트가 44100Hz인 440Hz의 사각파의 경우 50개의 1과 50개의 −1을 만들어 440번 넣어주면 되는데, 이게 노동의 강도가 높아지고, 자칫 잘못하면 제대로 된 값이 넣어지지 않을 수도 있을 것 같습니다. 그래서 앞에서 만든 사인파를 응용해서 만들어보았습니다.

```
>> time = 0 : 1/44100 : 3 ;
>> y = sin(2 * pi * 440 * time) ;
>> square = (y > 0) ;                    %....1)
>> square = 2 * square ;                 %....2)
>> square = square − 1 ;                 %....3)
>> plot(time, square)
```

앞서 만든 사인파에

1) 사인파의 모든 값에 대하여 0보다 큰지를 조사하게끔 하였습니다. 0보다 큰 경우는 참이니까 1이 될 것이고 0이거나 0보다 작은 경우는 조건식(y > 0)이 거짓이니까 0이 될 것입니다. 그리고 그 값을 square에 저장되게끔 하였습니다. 결과적으로 0보다 큰 값은 square에 1로 저장이 되고, 0이거나 음수의 값들은 square에 0으로 저장이 될 것입니다.

2) square에 2를 곱해서 square의 값이 1, 0에서 2, 0이 되게끔 합니다.

3) square −1을 해서 square의 값이 1, −1이 되게 합니다.

이제 그래프로 그려보겠습니다.

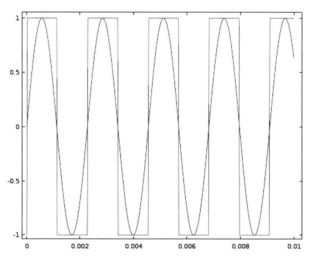

그림 2-17 사인파와 사각파를 같은 그래프로 그렸을 때의 모습

그림 2-17은 사인파와 사각파를 비교하여 그래프로 그려본 그림입니다. 부드러운 사인파와는 달리 +1 아니면 −1인 단호한 사각파가 만들어졌습니다.

일단 무작정 파형의 모양만 맞추자는 생각으로 고민하고 만들었습니다. 중간중간 교수님께서 해주신 조언과 힌트가 없었다면 아마 지금도 저는 고민에 빠져 Octave로 그림 그리기 놀이를 하고 있겠네요.

파형을 이쁘게 만들어보았으니, 한번 들어보고 싶은데요. 어떻게 하면 들을 수 있을지 알려주세요. 꼭 매번 wavwrite를 이용해 Audacity에서만 들어야 하는 것인가요?

(사실 이게 매우 귀찮은 방법인 것 같아서요. 전지전능한 Octave께서 소리도 들려주시리라 믿습니다.)

한국은 크리스마스와 연말 분위기로 다들 분주하고, 정신없습니다. 그러고 보니 이번에 미국에서 크리스마스와 연말을 지내시겠네요. 따뜻한 연말 보내시길 바랍니다.

2-3. 주기적인 파형 만들기 Part II

From : octavejwchae@gmail.com
To : octavehhjung@gmail.com
Subject : 주기적인 파형 만들기 Part II

우려했던 것처럼 역시 Octave를 연인 삼아 성탄절을 보냈군요.

사랑과 축복이 넘쳐나는 성탄절에 Octave라니….

Octave를 연인 삼아 성탄절을 보낸 현후 군을 위해서 Octave Code를 하나
준비했답니다.

```
>> t=-10 : 0.01 : 10 ;
>> x=16 * ( power(sin(t), 3) ) ;
>> y=( 13 * cos(t) ) - ( 5 * cos(2 * t) ) - ( 2 * cos(3 * t) ) - ( cos(4 * t) ) ;
>> plot(x, y, 'r')
```

과제는 아니지만, 위의 코드를 확인해보기 바랄게요.

이번에도 역시 과제를 잘 수행했네요. 심지어는 새로운 명령어까지 사용해가
면서….

% 주석 처리

내가 쉽게 볼 수 있게끔 주석 처리해준 것 고마워요. 일반적인 프로그래밍 언
어에서는 " // "를 주로 사용하는데 MATLAB이나 Octave의 경우는 " % "로
주석 처리를 하죠. 실행되지 않는 부분으로 지금처럼 그 행을 설명하고자 할
때 아주 유용한 기능인데 주석 처리까지 해가면서 과제를 수행하다니 훌륭하
네요.

shift(a, b)

Sawtooth를 만들었을 때 0부터 시작하게 하고자 사용했던 shift 명령어도 인상적이었답니다.

일반적인 프로그래밍 언어에서는 shift 연산이라고 하는데요. 메모리에 저장된 값들을 왼쪽 또는 오른쪽으로 밀어내는 연산입니다. 이때 밀어낸 만큼의 공간을 0으로 채우는 때도 있고 아니면 무작위의 수(난수)로 채우는 때도 있답니다. 그런데 Octave의 경우는 shift 명령은 순환하면서 밀어내는 명령어입니다.

예를 들어

```
>> a=1 : 20              % 저도 이제 주석을 사용해야겠네요. 1부터 20까지의
                           수를 a라는 저장소에 저장합니다.
ans =
  1  2  3  4  5  6  7  8  9  10  11  12  13  14  15  16  17  18  19  20
>> shift(a, 4)
ans =
  17  18  19  20  1  2  3  4  5  6  7  8  9  10  11  12  13  14  15  16
```

위의 예에서 보이듯이 4개만큼을 밀어내면 밀린 4개의 값은 앞으로 붙게 됩니다.

교수님의 추가 설명 : MATLAB 사용자를 위하여

MATLAB에는 shift 명령이 없어서 circshift( )라는 명령어로 대치할 수 있는데요.
(Octave에도 circshift( )라는 함수가 있으며 사용 방법은 MATLAB의 circshift( )과 정확히 일치합니다.)
다만 circshift( )의 입력에 행벡터가 사용되면 shift 현상이 나타나지 않습니다.
반드시 열벡터 또는 array의 형태로 입력되어야 shift 현상이 나타납니다. 따라서 본문에 사용한 명령어 saw=shift(saw, 50)과 동일한 결과를 MATLAB에서 얻기 위해서는 saw=circshift(saw', 50)' ; 라고 사용하면 됩니다.
(따옴표의 사용에 주의하세요. 따옴표에 대한 추가 설명은 "3-4. 딜레이를 이용한 에코효과와 컨볼루션(Convolution)"에 자세히 나와 있답니다.)

plot(x1, y1, x2, y2)

x1, y1에 의해서 하나의 그래프를 만들고 x2, y2에 의해서 만들어진 또 하나의 그래프를 그린다.

두 개의 파형을 그리기 위하여 알아낸 이 방법도 아주 인상적이었습니다. 그런데 이 방법 이외에도 hold라는 명령을 사용해서 두 개 이상의 그래프를 겹쳐 그릴 수 있는데요.

가령 예를 들어 위에서 확인해보라고 했던 코드로 그래프를 그린 후에

```
>>hold
```

명령을 내리면 현재 그려진 그래프가 고정되고 다음에 그림을 그리면 고정된 그래프 위에 그림이 그려진답니다. 다음의 명령을 실행해보길 바랍니다.

```
>> t=-10 : 0.01 : 10 ;
>> x=16 * ( power(sin(t), 3) ) ;
>> y=( 13 * cos(t) ) - ( 5 * cos(2 * t) ) - ( 2 * cos(3 * t) ) - ( cos(4 * t) ) ;
>> plot(x, y, 'r')
>> hold
>> x1=-15 : 15 ;
>> y1=x1 ;
>> plot(x1, y1) ;
```

현후 군은 그림 그리는 것도 좋아하니 hold 명령을 잘 활용한다면 Octave로 그림 놀이를 하는 날이 올지도 모르겠네요.

:: Square는 '컴퓨터에서 에러가 날 때 나오는 소리'?

엔지니어로서 소리를 다룰 때 소리를 직관적으로 받아들일 수 있다는 것은 굉장히 유리하다고 생각이 드는데요. 그런 면에서 사운드 디자이너인 현후 군이 공학을 공부한다는 것은 굉장히 유리한 일이 될 거라는 생각이 들게 되는군요. 맞습니다. PC를 켜거나 또는 오류가 났을 때 '삐' 하고 나오는 소리는 Square에 가까운 소리랍니다. 컴퓨터가 기본적으로 만들어낼 수 있는 신호는 1과 0인데요. 처음 컴퓨터를 켜거나 OS가 실행되기 전에는 컴퓨터가 사운드카드나 오디오장치를 인식하지 못하기 때문에 제대로 된 소리를 내지 못한답니다. 그래서 0과 1로 소리를 만들어내게 되는데 바로 사각파(Square)랍니다.

:: Octave에서 wavwrite를 사용하지 않고 바로 소리를 낼 수 있나요?

예. 가능하답니다. 바로 sound라는 명령인데요. 만약 현후 군이 만든 사인파를 Octave에서 바로 소리로 확인하고 싶다면

```
>> sound(sine, 44100) ;
```

라고 하면 된답니다. sound(Y, Fs)라는 형식의 명령어이고요. Y는 변수명, Fs는 샘플링레이트를 입력하면 된답니다.
그런데 이런 좋은 명령이 있음에도 불구하고 굳이 웨이브 파일을 만들어서 Audacity라는 소프트웨어를 이용하여 소리를 확인한 이유는 뭘까요?

첫 번째 이유는 윈도우나 리눅스에서는 이 명령이 큰 문제없이 실행되는데요. Mac OS에서는 제대로 실행이 안 된답니다.

두 번째 이유는 Octave가 음악 전용 소프트웨어가 아니라 연산을 하기 위한 소프트웨어이다 보니 사운드에 대한 신뢰도가 조금 떨어지는 듯합니다.

만약 윈도우나 우분투(리눅스)에서 빠르게 사운드를 확인하고 싶다면 sound 명령을 이용하여 확인하면 될 거고요. 사운드 디자이너로서 제대로 사운드를 확인하고 싶다면 웨이브 파일로 만들어서 사운드 전용 소프트웨어로 확인하길 권장합니다.

아마 과제를 수행하면서 어떻게 사각파(Square Wave)를 만들어낼 것인지, 톱니파(Sawtooth)를 만들어낼 것인지 많은 생각과 고민을 했을 거라 생각이 듭니다. 그리고 우리가 사운드 디자인을 공부하면서 다뤘었던 *가산합성 (Additive Synthesis)을 이용하여 만들고 싶은 생각도 했었을 거라는 예상도 되고요.

그래서 이번에는 가산합성 방법을 이용하여 사각파, 톱니파, 삼각파를 만드는 방법에 관하여 이야기해보고자 합니다.

> ***가산합성**
> 수학자이자 물리학자인 푸리에(Jean-Baptiste Joseph Fourier, 1768~1830)는 '주기를 갖는 모든 파동은 사인과 코사인의 합으로 나타낼 수 있다'라는 푸리에의 정리를 발표했습니다. 이런 이론적 바탕 위에 사인파를 계속 더하여 원하는 소리를 얻어내는 가산합성법이 만들어졌습니다. 사인파는 기음만 가지고 있고 배음(Overtone)이 없으므로 여러 개의 사인파를 더하여 원하는 배음구조를 만들어낼 수 있습니다.

그렇다면 사인파를 더해서 톱니파, 사각파, 삼각파와 같은 주기적인 파동을 만들어봅시다.

톱니파와 사각파는 만들어보기는 했으니 삼각파를 만들어보도록 하죠.

사인파는 배음(Overtone)이 없는, 즉 순수하게 기음(Fundamental)만 가지고 있는 파형입니다.

따라서 어떤 파동의 배음성분을 알고 있다면 사인파를 여러 개 더해서 원하는 파동을 만들 수 있을 것입니다.

그럼 삼각파의 배음성분은 어떻게 될까요?

삼각파는 홀수배의 배음만을 가지고 있으며 그 크기는 홀수배의 제곱씩 줄어드는 파형입니다. (그리고 위상이 한 번씩 반전되는 특징이 있습니다.)

말로 쓰니 이해가 잘 안 되죠?

예를 들어서 1Hz의 삼각파라면 배음의 구조가 다음과 같을 것입니다.

	주파수	크기
기음(제1 하모닉스)	1 * 1＝1Hz	1 * 1＝1
제2 하모닉스	1 * 3＝3Hz	$(1/3)^2$ * −1＝−1/9
제3 하모닉스	1 * 5＝5Hz	$(1/5)^2$ * 1＝1/25
제4 하모닉스	1 * 7＝7Hz	$(1/7)^2$ * −1＝−1/49
제5 하모닉스	1 * 9＝9Hz	$(1/9)^2$ * 1＝1/81
...	...	...

** 오버톤(Overtone)과 하모닉스(Harmonics)를 모두 배음이라고 해석하는데 하모닉스는 기음을 포함해서 계산하고 오버톤은 기음을 포함하지 않고 계산을 합니다. 따라서 제1 오버톤은 제2 하모닉스가 됩니다.

그럼 위에서 나열한 5개의 사인파를 더해보도록 하겠습니다.

```
>> t = 0 : 1/1000 : 1 ;
>> h1 = 1 * sin(2 * pi * t) ;
>> h2 = (-1/9) * sin(2 * pi * 3 * t) ;
>> h3 = (1/25) * sin(2 * pi * 5 * t) ;
>> h4 = (-1/49) * sin(2 * pi * 7 * t) ;
>> h5 = (1/81) * sin(2 * pi * 9 * t) ;
>> plot(h1)
>> plot(h1 + h2)
>> plot(h1 + h2 + h3)
>> plot(h1 + h2 + h3 + h4)
>> plot(h1 + h2 + h3 + h4 + h5)
```

위의 코드를 실행해보면 사인파가 하나씩 더해질 때마다 점점 삼각형에 가까운 파동이 되는 것을 볼 수 있습니다.

그렇다면 30개만큼의 배음을 더하면 얼마나 삼각형에 가까워질까요? 직접 구현하려고 하니 30개는 쉽게 엄두가 나지 않습니다.

그래서 Octave에는 반복해서 처리하기 위한 명령어가 있습니다. 바로 for라고 하는 구문입니다.

for의 help를 보면 다음과 같이 간단하게 나와 있습니다.

```
for i = 1:10
    i
endfor
```

의미는 다음과 같습니다. i라는 저장 공간에 초깃값(여기서는 1이 됩니다.)이 저장됩니다. 그리고 다음의 명령들이 실행됩니다. endfor라는 명령을 만나면 i는 1씩 증가합니다. (만약 for i = 1 : 0.1 : 10이라고 되었다면 1이 초깃값이 되고 endfor 명령을 만나면 i는 0.1씩 증가가 됩니다.) 그리고 i가 최종값 10

이 되면 endfor 다음 줄이 실행됩니다. 따라서 62쪽의 코드를 입력하고 실행하면 1부터 10까지의 값이 화면에 표시됩니다.

만약 구구단 중 3단을 화면에 표시하고 싶다면 어떻게 하면 될까요?

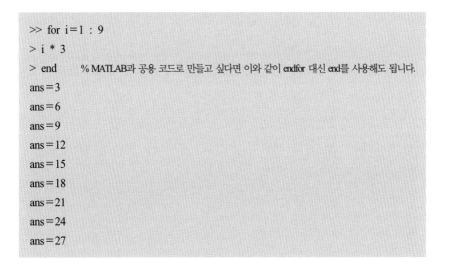

```
>> for i=1 : 9
> i * 3
> end       % MATLAB과 공용 코드로 만들고 싶다면 이와 같이 endfor 대신 end를 사용해도 됩니다.
ans=3
ans=6
ans=9
ans=12
ans=15
ans=18
ans=21
ans=24
ans=27
```

그런데 우리가 아는 구구단이란 '3 * 1=3, 3*2=6, …, 3*9=27' 뭐 이렇게 나와야 그럴듯한데 표시되는 방식이 조금 마음에 들지 않는 듯합니다. 그럼 코드를 다음과 같이 바꿔보면 어떨까요?

```
>> for i=1 : 9
> printf("3 * %d =", i)
> disp(3 * i)
> endfor
3 * 1 = 3
3 * 2 = 6
3 * 3 = 9
3 * 4 = 12
3 * 5 = 15
3 * 6 = 18
3 * 7 = 21
3 * 8 = 24
3 * 9 = 27
```

printf은 문자열과 변수를 함께 표시할 수 있는 명령입니다. 위와 같이 큰따옴표 사이에 있는 문자를 화면에 표시해주고 중간의 %d는 큰따옴표를 닫고 쉼표 (,) 뒤에 있는 정수값으로 대치가 됩니다. 그리고 disp은 변수, 문자열, 상수 등을 표시해주는 명령이고 명령이 실행되고 나면 다음 줄로 넘어가게 됩니다. (마치 enter 키를 누른 것처럼 말이죠.)

```
>> i = 10
i = 10
>> printf("%d", i)
10>>disp(i)
10
>>
```

printf와 disp를 비교하기 좋게 다음의 코드를 실행해보기 바랍니다.

i값을 출력하기 위하여 printf 에서는 큰따옴표 안에 %d를 쉼표 뒤에 i를 쓰는 방식을 취했고 명령이 실행된 뒤에는 새로운 행이 아니라 출력된 라인에 "〉〉" (명령 프롬프트)가 표시가 되었고 disp 명령의 경우는 그냥 i만 쓰면 되었고 i값을 화면에 출력한 뒤에는 한 줄 아래로 내려가서 명령 프롬프트가 표시된 것을 확인할 수 있습니다.

이제 for를 이용해서 삼각파를 만들어보도록 합시다. 여기서는 총 15개까지의 배음을 더해볼 것입니다.

```
>> t=0 : 1/1000 : 1 ;          % 0부터 1까지 1/1000씩 증가하는 t를 생성
>> y=0 ;                       % y값을 초기화(나중에 다르게 될 DC Offset)
>> for i=1 : 15 ;              % 15개의 배음
> y=y + ( (-1)^(i-1)/(2 * i-1)^2 )*sin( (2 * i-1) * 2 * pi * t ) ;      % 1
> endfor                       % for 종료
>> plot(y)                     % 1~15번째 배음을 더한 결과를 그래프로 표시
```

%1 : 앞서 설명했던 삼각파의 i 번째 배음의 값을 일반화시킨 수식

$$\frac{(-1)^{(n-1)}}{(2n-1)^2} \times \sin(2\pi ft(2n-1))$$

만약 배음의 개수를 15에서 30개로 늘리면 삼각형의 모양은 어떻게 될까요?

1. 구구단이 출력되도록 코드를 만들어보세요.

2. 사인파를 30개 더하여 삼각파를 만들어보세요.

3. 가산합성을 이용하여 배음이 30개인 톱니파를 만들어보세요.

 hint 톱니파는 모든 정수배를 갖는 배음을 가지고 있으며 그 배음의 크기는 '1/정수배' 이고 한 번씩 위상이 반대가 됩니다.

4. 가산합성을 이용하여 배음이 30개인 사각파를 만들어보세요.

 hint 사각파는 모든 홀수배의 배음을 가지고 있으며 그 배음의 크기는 '1/홀수배'랍니다.

참고를 위해 각 파형에 대한 수식도 알아보도록 하죠. 톱니파의 n번째 배음의 값을 일반화시킨 수식은 다음과 같습니다.

$$\frac{(-1)^{(n-1)}}{n} \times \sin(2\pi f t n)$$

또한 사각파의 n번째 배음의 값을 일반화시킨 수식은 다음과 같습니다.

$$\frac{1}{(2n-1)} \times \sin(2\pi f t (2n-1))$$

오늘은 과제가 좀 많죠? 아무래도 새해가 되다 보니 더욱더 열심히 해야겠다는 다짐을 했을 거 같아서 그 다짐에 보답고자 다양한 과제를 준비해보았답니다. 수식들을 참고로 과제들을 잘 수행하리라 생각합니다.

한국은 새해일 텐데 새해 복 많이 받고 즐겁고 행복한 한 해가 되기를 응원할게요.

채진욱

From : octavehhjung@gmail.com
To : octavejwchae@gmail.com
Subject : 주기적인 파형 만들기 Part II_과제 확인

교수님 성탄절 지나 새해는 잘 보내셨는지요?

보내주신 이쁜 코드는 잘 받았습니다. 공대생들은 다 이렇게 사랑을 고백하겠죠? 음대생인 저는 상상도 못할 방법이네요. 덕분에 따뜻한 성탄절과 더불어 참신한 고백의 방법도 알아냈습니다. 이제 이걸 어디에 사용할지 생각해봐야 겠네요.

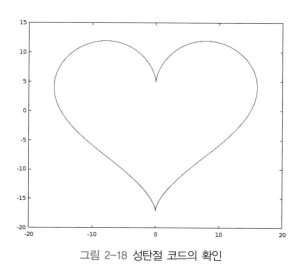

그림 2-18 성탄절 코드의 확인

이번 답신의 내용 역시 학부 때의 기억이 새록새록 나게 하는 '가산합성 (Additive Synthesis)'을 포함해 언젠가 한번 들어봤었던 것 같은 '푸리에' 아저씨의 이야기와 저 대신 많이 노동해줄 것 같은 'for 구문'까지 흥미로운 내용이 가득했습니다. 또한 많은 과제로 인해 새해가 심심하지도 않을 것 같고요.

먼저 첫 번째 과제는 구구단이 출력되도록 만들라고 하셨죠. 구구단이면 1부터

9까지의 숫자가 다 9번씩 곱해지는 값이 출력되어야 하겠는데요. 예로 설명해 주셨던 방법을 응용해서 풀어보았습니다.

```
>> for a=1 : 9
> for b=1 : 9
printf("%d x %d=", a, b)
disp(a * b)
endfor
> endfor
1 * 1=1
1 * 2=2
1 * 3=3
......
9 * 7=63
9 * 8=72
9 * 9=81
```

일단 모든 구구단을 만들어주기 위해서 1부터 9까지의 숫자를 1부터 9까지의 숫자에 곱해주었습니다. 이 과정에서 for 구문 안에 하나의 for 구문을 더 넣어서 모든 숫자가 다 곱해질 수 있게 만들어보았습니다. 또한 '%d'의 경우 '어떻게 하면 한 개가 아니라 두 개를 다 쓸 수 있을까?'라는 생각에 실험 삼아 두 개의 변수를 만들고 printf("%d x %d", a, b)를 Octave에 입력해보았습니다. 예상대로 '1,2 >>' 이렇게 나오더군요. 아마 10개, 20개, 100개도 '%d'의 개수만 맞춰주면 출력할 수 있지 않을까 생각해봅니다.

두 번째 과제인 30개의 사인파를 이용하여 삼각파를 만드는 것은 보내주셨던 코드를 수정하여 만들어보았습니다.

```
>> t=0 : 1/1000 : 1 ;
>> y=0 ;
>> for i=1 : 30 ;
> y=y + ( (-1)^(i-1) / (2 * i-1)^2 ) * sin( (2 * i-1) * 2 * pi * t ) ;
> endfor
>> plot(y)
```

이렇게 해보니 산모양의 삼각파가 잘 만들어졌습니다.

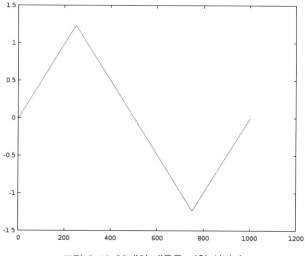

그림 2-19 30개의 배음을 더한 삼각파

확인해본 그래프는 그림 2-19처럼 만들어집니다. 30개의 배음을 더해보니 확실히 산모양이 더욱 잘 보이는 것 같습니다. Octave라면 50개, 100개까지 배음을 더하는 것도 문제없이 할 수 있을 것이고, 그러면 더욱 정교한 산모양이 나오겠죠? (물론, 확대해서 맨눈으로 보는 것에 얼마만큼 차이가 있을지는 모르겠습니다. 지금도 충분히 삼각형 모양을 잘 갖춘 것 같아요.)

이제 세 번째 과제인 톱니파를 만들어보겠습니다. 이전에 제가 보내드린 답장에서는 너무 직관적으로 소리의 이야기와 모양의 이야기만 한 것 같았습니다. (물론 그게 받아들이는 견해에서 유리하다고 하셨지만요!)
그래서 교수님께서 삼각파의 배음성분을 정리하셨던 것처럼 저도 주신 힌트를 토대로 만들어야 할 톱니파와 사각파의 배음구조를 정리해보았습니다. 먼저 톱니파의 배음성분은 다음 표와 같습니다.

'톱니파는 모든 정수배를 갖는 배음을 가지고 있으며 그 배음의 크기는 '1/정수배'이고 한 번씩 위상이 반대됩니다.'

이것을 토대로 1Hz의 톱니파의 배음성분을 표로 정리해보면 다음과 같습니다.

	주파수	크기
기음(제1 하모닉스)	1 * 1=1Hz	1 * 1=1
제2 하모닉스	1 * 2=2Hz	(1/2) * −1=−1/2
제3 하모닉스	1 * 3=3Hz	(1/3) * 1=1/3
제4 하모닉스	1 * 4=4Hz	(1/4) * −1=−1/4
제5 하모닉스	1 * 5=5Hz	(1/5) * 1=1/5
...	...	...

이제 두 번째 힌트인 수식을 토대로 for 구문을 변형한 코드로 톱니파를 만들어보도록 하겠습니다.

```
>> t=0 : 1/1000 : 1 ;          % 0부터 1까지 1/1000씩 증가하는 t를 생성
>> y=0 ;                        % y값을 초기화
>> for i=1 : 30 ;               % 30개의 배음
> y=y + ( (-1)^(i-1) / i ) * sin( i * 2 * pi * t ) ;      % 2
> endfor                        % for 종료
>> plot(y)                      % 1~30번째 배음을 더한 결과를 그래프로 표시
```

%2 : 톱니파의 i번째 배음의 값을 일반화시킨 수식 (힌트)

$$\frac{(-1)^{(n-1)}}{n}\times\sin{(2\pi ftn)}$$

먼저 삼각파에서 했던 것처럼 나머지 값들은 다 똑같이 쓰고, for 구문 안의 수식만 바꿨는데요. 삼각파와 같은 수식에서 분모만 i로 바꾸어주었습니다. 또한, sin안의 곱해지는 값도 (2×i−1)이 아니라 i만 곱해주었습니다. 결과로 나온 그래프는 그림 2-20과 같습니다.

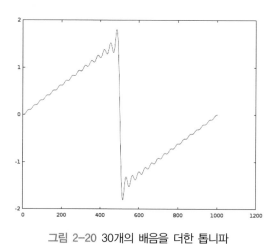

그림 2-20 30개의 배음을 더한 톱니파

전체적으로 큰 틀은 톱니파의 모양을 하고 있습니다만, 모양 안에 사인파처럼 구불구불한 모양들도 같이 포함되어 있습니다. 완벽하게 톱니모양이라기보다는 뭔가 작은 톱니들이 붙어 있는 톱니의 모양이네요. 혹시 배음을 너무 적게 더한 것이 문제인가 싶어, 배음의 개수를 50개와 100개, 200개로 더 증가시켜서 그래프를 그려보았습니다. 그림 2-21은 각 배음 개수별로 그려본 그래프들을 비교해본 겁니다.

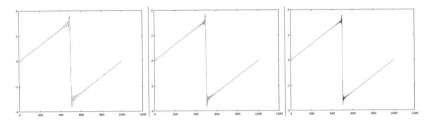

그림 2-21 50개의 배음(왼쪽), 100개의 배음(가운데), 200개의 배음(오른쪽)을 더한 톱니파

각각 배음을 늘려 확인해보니 배음이 많아질수록 붙어 있는 작은 사인파 모양의 톱니들이 점점 줄어들면서 점점 톱니파의 모양이 정교해지는 것을 확인할 수 있었습니다.

이제 네 번째 과제인 사각파를 만들어보겠습니다. 사각파에 대한 힌트는 다음과 같습니다.

(힌트) 사각파는 모든 홀수배의 배음을 가지고 있으며 그 배음의 크기는 '1/홀수배'랍니다.

이 힌트를 토대로 1Hz의 사각파의 배음성분을 표로 정리하면 다음과 같습니다.

	주파수	크기
기음(제1 하모닉스)	1 * 1 = 1Hz	1 * 1 = 1
제2 하모닉스	1 * 3 = 3Hz	(1/3) * 1 = 1/3
제3 하모닉스	1 * 5 = 5Hz	(1/5) * 1 = 1/5
제4 하모닉스	1 * 7 = 7Hz	(1/7) * 1 = 1/7
제5 하모닉스	1 * 9 = 9Hz	(1/9) * 1 = 1/9
...	...	...

사각파는 배음성분은 삼각파와 같지만, 각 배음의 크기는 훨씬 큽니다.
이제 두 번째 힌트인 수식을 토대로 for 구문을 변형한 코드로 사각파를 만들
어보도록 하겠습니다.

```
>> t=0 : 1/1000 : 1 ;              % 0부터 1까지 1/1000씩 증가하는 t를 생성
>> y=0 ;                          % y값을 초기화
>> for i=1 : 30 ;                  % 30개의 배음
> y=y + ( 1 / (2 * i-1) ) * sin( (2 * i-1) * 2 * pi * t ) ;      % 3
> endfor                          % for 종료
>> plot(y)                        % 1~30번째 배음을 더한 결과를 그래프로 표시
```

%3 : 사각파의 i번째 배음의 값을 일반화시킨 수식 (힌트로 주신 수식)

$$\frac{1}{(2n-1)} \times \sin\left(2\pi ft(2n-1)\right)$$

삼각파를 만들 때 사용한 코드에서 분자를 (−1)^(i−1)이 아닌 그냥 1로 만들어
주고, 분모는 제곱하지 않는 (2*i−1)로 만들어주었습니다. 주파수 역시 삼각
파를 만들 때와 마찬가지로 (2*i−1)를 곱해 홀수로 만들어주었고요. 이 코드
를 이용해 그려진 그래프는 그림 2−22와 같습니다.

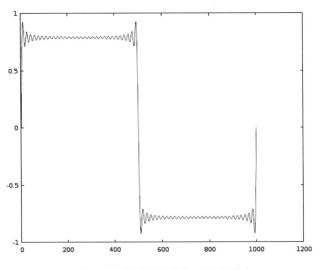

그림 2-22 30개의 배음을 더한 사각파

톱니파 때와 마찬가지로 전체적인 모양은 사각파의 모양을 가지고 있으나, 작은 사인파 모양이 같이 섞여 있어, 온전한 사각형으로 보기엔 힘든 모양이 나왔습니다. 또한 −1에서 1로 넘어가는 부분에서 그 현상이 더 심하게 보입니다. 이제 이 사각파도 배음을 50개, 100개, 200개로 증가시켜 그래프로 그려보겠습니다. 그림 2-23은 배음 개수별로 만들어본 사각파들을 비교해본 그래프입니다.

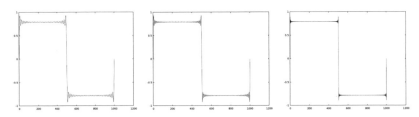

그림 2-23 50개의 배음(왼쪽), 100개의 배음(가운데), 200개의 배음(오른쪽)을 더한 사각파

배음을 더 많이 더할수록 섞여 있는 작은 사인파 모양들이 사라지고 점점 일직선으로 변하게 됩니다. 톱니파와 마찬가지로 점점 더 정교해지는 모습을 볼 수가 있었습니다.

이전에 계산식으로 만들 때보다는 훨씬 편하게 만들 수 있고, 또 배음구조에 대해서도 더 이해하기 쉬운 작업이었습니다. 하지만 배음을 많이 더해야 더 정교한 모양이 나오는걸 보니, 뭔가 Octave에게 더욱 많은 노동을 시키는 것 같아 미안한 마음도 들었네요.

교수님 이번 메일에서는 다른 것들은 노트에 직접 손으로 적어보며 풀어보니 이해가 되었지만, 중간쯤에 나온 $y = 0$이라는 게 DC Offset이라는 말은 어떤 의미인가요? 제가 예전에 학부에서 배웠던 그 '직류 성분이 포함된 신호에서 직류 성분을 제거해 진폭의 기준점을 0으로 맞춰주는 작업'에서의 그 직류 성분을 의미하는 건가요? 이 부분에 대해 자세히 알려주시면 좋겠습니다.

새해라지만 별로 달라진 게 없는 것 같은 느낌이 드는 걸 보니 저도 더 나이가 먹은 것 같습니다. 그만큼 Octave를 다루는 일에도 능숙해지면 좋겠네요. 보내주실 답장 기대합니다.

2-4. FFT를 사용한 소리의 분석

From : octavejwchae@gmail.com
To : octavehhjung@gmail.com
Subject : FFT를 사용한 소리의 분석

드디어 새해가 밝았네요. 새해에도 건강하고 계획한 일들이 잘 이루어지길 기도할게요.

역시 새해의 힘은 굉장한 거 같아요. 이번에는 수행해야 하는 과제도 많았는데 메일을 보낸 지 채 몇 시간도 되지 않아서 답장을 보냈더군요.

답장에서 현후 군이 물어본 DC Offset은 스스로 예상했던 그 '직류 성분'이 맞습니다. 나중에 푸리에 변환(Fourier Transform)에 대한 설명을 할 때 다시 이야기하겠지만 간단하게 설명을 하도록 하겠습니다.

설명에 앞서 우리가 지금까지 만들었던 데이터들이 어떻게 소리로 변환되는지 궁금하지 않나요?

우리는 소리를 듣는데 +, − 신호는 과연 무엇을 의미하는 것일까요? (물리나 음향학에서는 이것을 공기의 밀도로 설명하기도 하는데 '공기가 밀하고 소하다'라는 표현을 사용하죠.)
우리는 좀 더 쉬운 설명과 이해를 위해서 스피커의 구조를 잠깐 살펴보도록 하겠습니다.
스피커의 구조는 간단하게 설명하면 그림 2-24와 같습니다.

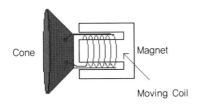

Cone

Magnet

Moving Coil

그림 2-24 스피커의 구조

원리는 우리가 초등학교 때 배우는 전자석과 같습니다. 스피커의 안쪽에 자석
이 있고 전자석에 + 전기를 흘리면 밖으로 밀어내고 - 전기를 흘리면 잡아당
기는 방식이죠.
그렇습니다. 우리가 지금까지 다루었던 +와 - 값의 신호는 스피커를 밀어내
는 정도와 잡아당기는 정도를 나타내는 것입니다. (이것을 변위라고 하는데
변위가 클수록 큰 소리를 내게 되는 것이죠.)

이제 DC 성분에 관해 이야기해보겠습니다. DC, Direct Current는 우리말로
는 직류라고 번역이 됩니다. 그렇다면 DC 성분이 무엇인지에 대하여 이해하기
위하여 초등학교 시절의 자연시간으로 돌아가보죠.
(요즘도 자연이라는 과목이 있는지는 잘 모르겠습니다만….)

혹시 직류와 교류에 대해서 기억하나요? 주변에서 볼 수 있는 건전지를 우리는
직류라고 배웠으며 우리가 가정에서 사용하는 전기를 교류라고 배웠습니다.
그리고 그림 2-25와 같은 그림을 배웠죠.

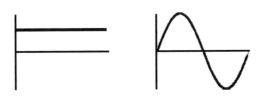

그림 2-25 직류(DC)와 교류(AC)

어린 시절의 기억을 되짚어보면 건전지의 볼록 튀어나온 부분이 + 전극, 살짝 들어간 부분이 − 전극이라고 배웠던 것 같습니다. 하지만 정확하게 이야기하자면 살짝 튀어나온 부분이 +는 맞지만 살짝 들어간 부분은 −가 아니라 0V, 다시 말해서 기준점이 됩니다. 그래서 그림 2-25의 왼쪽 그림과 같이 기준점 (0점)을 중심으로 항상 일정한 전압을 갖게 되는 것입니다. 그렇다면 스피커에 위와 같은 직류 성분을 흘린다면 어떻게 될까요? 앞서 설명했던 스피커의 구조를 떠올려봅시다.

스피커가 일정한 변위만큼 앞으로 밀려나 있는 상태가 될 것입니다. 이제 DC Offset이 무엇인지 이해했다면, 지난번 과제에서 $y=0$;라고 설정했던 y의 초깃값을 1로 바꿔보세요. 아마 1을 중심으로 위아래로 움직이는 파형이 만들어지는 것을 확인할 수 있을 거랍니다.

지금까지 우리는 녹음된 파일을 불러와서 plot을 통하여 파형을 확인해보고 주기적인 파형도 만들어보았습니다. 그리고 주기적인 파형을 만들면서는 '푸리에의 정리'에 따라 배음이 자기 자신뿐인, 즉 기음(fundamental)만을 가지고 있는 사인파를 여러 개 더하여 다양한 주기적인 파형을 만들어보기까지 했습니다.

그렇다면 '주기를 갖는 모든 파동은 사인과 코사인의 합으로 나타낼 수 있다'라는 푸리에의 정리에 따라 우리가 만든 다양한 주기적인 파동의 배음성분들을 분석할 방법은 없을까요?

물론 있답니다. Octave에는 'fft'라는 명령을 이용해서 배음 분석을 할 방법이 있답니다. FFT(Fast Fourier Transform)는 지금 설명하기에는 현후 군이 이해하기 버거운 부분이 있어서 'fft' 명령에 대한 설명은 하지 않을 거고요. 다만 'fft'라는 명령을 이용해서 배음분석을 하는 방법에 대해서만 다룰 거랍니다. (하지만 함께 공부하며 언젠가는 기본적인 푸리에 변환(Fourier Transform)의 개념과 실습을 하게 될 테니 걱정하지 마세요. 어쩌면 Fourier Transform을 공부하게 되는 것이 더 걱정스러운 일일지도 모르겠지만요.)

그럼 이제부터 fft 명령을 이용하여 소리의 배음분석을 해보도록 하죠.

```
>> fs=44100 ;                    % 샘플링레이트
>> t=0 : 1/fs : 3 ;              % 샘플링레이트 fs인 3초에 해당하는 시간 변수
>> y=sin (2 * pi * 440 * t) ;    % 440Hz의 사인파 생성

% 이 아래부터는 fft를 통한 주파수 성분 분석 작업에 대한 코드입니다.
>> n=length(y) ;                 % y의 샘플 개수를 n에 저장
>> y_fft=abs( fft(y) ) ;         % y를 fft 명령을 통하여 FFT 분석을 하여 그 절댓값
                                   (abs)을 취합니다.
>> y_fft=y_fft(1 : n/2) ;        % 위에서 얻은 y_fft의 값 중 첫 번째 값부터 n/2에
                                   해당하는 값까지만 y_fft에 저장합니다.
>> f=fs * (0 : n/2 - 1) / n ;    % f에 0부터 y의 샘플 개수 / 2 - 1까지의 값을 저장합니다.
>> plot (f, y_fft)               % 가로축에 주파수를 세로축에 그 주파수의 세기를
                                   표시하는 그래프를 그립니다.
```

그림 2-26 440Hz의 사인파를 FFT로 분석한 그래프

그림 2-26을 보면 440Hz 대역만 뾰족하게 무엇인가 나와 있는 것을 확인할 수 있습니다. 이것은 440Hz 주파수 성분만 존재한다는 것을 의미합니다. 만약 저 튀어나온 부분이 정말 440Hz 대역인지 확인을 하고 싶다면 Zoom + 버튼을 이용하여 확대해서 보면 될 거랍니다.

그럼 오늘의 과제를 제시하겠습니다.

1. DC Offset이 1인 사인파와 사각파를 만들고 plot을 통하여 어떠한 변화가 있는지 확인하고 설명해보세요.

2. Audacity의 Generate → Tone 기능을 이용하여 Sine, Square, Sawtooth, no Alias의 파형을 만들어 웨이브 파일로 저장한 후, Octave에서 불러와서 그 배음성분을 확인해보세요.

3. FFT를 구성하는 코드는 제대로 이해도 못하는데 계속 사용하는 것이 부담스럽지 않은가요? 그렇다면 이해하지도 못한 저 코드들을 계속 사용할 것이 아니라 하나의 명령어처럼 쓸 방법이 있지 않을까요?

   hint m 파일이란 걸 찾아서 정리해보면 알 수 있을 거예요

그럼 수고하고 즐거운 하루 보내요.

채진욱

From : octavehhjung@gmail.com
To : octavejwchae@gmail.com
Subject : FFT를 사용한 소리의 분석_과제 확인

교수님. 새해 복 많이 받으세요.
저는 새해의 힘이라기보다는 어떤 약속도 없는 관계로 어디 나가지도 않고 고

양이만 쓰다듬으며 Octave만 보고 있기 때문에 답장이 빨리 되는 게 아닌가 생각합니다.

역시 DC Offset은 학부 때 설명해주셨던 그 '직류 성분'이었군요. 학부 때 설명을 들을 때는 그냥 '아, 어떤 불순물이 섞여 있는 거구나' 정도의 이해였는데, 이걸 직접 코드를 통하여 보니 조금 더 의미가 자세하게 다가오는 것 같습니다. 일단 말씀하신 것처럼, 첫 번째 과제인 'DC Offset이 1인 사인파와 사각파를 만들어'보겠습니다. 제가 만든 파형의 코드는 다음과 같습니다.

```
>> t=0 : 1/44100 : 1 ;            % 샘플레이트를 44100개로 정해줍니다.
>> sine=sin(2 * pi * t) ;         % 비교를 위해 1Hz의 사인파를 만듭니다.
>> sine1=1 + sin(2 * pi * t) ;    % 위의 사인파에 1을 더해줍니다.
>> square=0 ;                     % 비교를 위해 1Hz의 사각파를 만들어줄 변수를 만듭니다.
>> square1=1 ;                    % 사각파의 초깃값을 1로 만들어줍니다.
>> for i=1 : 200 ;                % 1부터 200개까지 사각파의 배음을 설정합니다.
> square=square + ( 1 / (2 * i-1) ) * sin( (2 * i-1 ) * 2 * pi * t) ;
                                  % 앞에서 사용한 사각파를 만드는 코드
> square1=square1 + ( 1 / (2 * i-1) ) * sin( (2 * i-1 ) * 2 * pi * t ) ;
                                  % 초깃값이 1인 변수에도 똑같은 코드를 넣어줍니다.
> endfor;
>> hold                           % 그래프창을 고정시킵니다.
>> plot(t, sine)
>> plot(t, sine1, 'r')            % 비교를 위해 'r'를 붙여 그래프색을 빨간색으로 바꾸어줍니다.
>> hold                           % 이 부분에서 바로 hold를 걸어주면 그래프의 비교가 제대로 되지 않습니다. 기존의 사인파 그래프가 그려진 창을 끈 후에 hold 명령을 사용해야 square의 그래프가 제대로 그려집니다.
>> plot(t, square)
>> plot(t, square1, 'r')
```

각각 사인파와 사각파에 1씩을 더해주어, 기존의 파형들과 비교할 수 있게 만든 코드입니다. 만들어진 그래프의 모양은 그림 2-27과 같습니다.

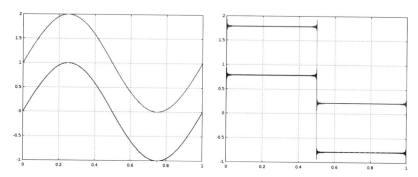

그림 2-27 사인파 1Hz와 y축에 1을 더한 사인파 1Hz(왼쪽), 사각파 1Hz와 y축에 1을 더한 사각파 1Hz(오른쪽)

원래 파형의 -1~0~1의 값에 1씩 더해져, 0~1~2로 전체적인 모양은 변하지 않으나, 파형의 위치가 변화하였습니다. 그래프를 보다 보니 최댓값에 제한이 없이, 단지 수학적으로 보면 모든 값에 1이 더해진 그래프이지만, 전기적으로 보았을 때, 기준점이 0V에서 벗어나 위처럼 된다면, 최대 5V까지 재생할 수 있는 앰프나, 음향기기라면 1V씩이 추가되어 -4V~0V~6V가 되고, 5V를 넘어가는 값은 재생되지 않겠네요. (아마, 이것이 학부 때 말씀하셨던 DC Offset으로 인한 클립핑이겠지요?)

예전에 저에게 사운드 작업에 대해 설명해주실 때, 가장 먼저 'DC Offset 성분을 제거하라'라는 말을 왜 해주셨는지 시각적으로 알 수 있었습니다.

두 번째 과제를 하기 위해서는 일단 Audacity에서 웨이브를 만들어야 하는데요.

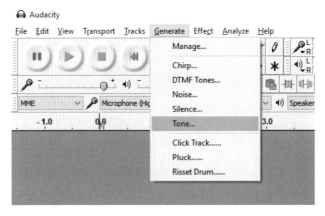

그림 2-28 Audacity의 Generate-Tone 메뉴 화면

말씀하신 대로 Audacity의 메뉴-Generate-Tone 항목을 이용해 모든 사운드들을 만들었습니다. 이 Tone을 누르면 그림 2-29와 같이 각 톤에 대해 설정을 해줄 수 있습니다.

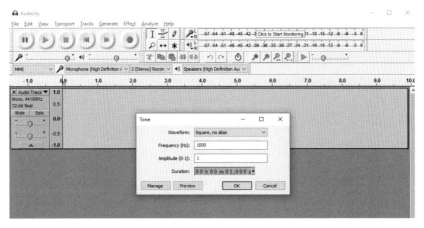

그림 2-29 Audacity의 Tone 메뉴를 선택했을 때 나오는 설정창

설정창에서는 파형의 모양, 파형의 주파수, 파형의 최대 진폭 크기, 파형의 재생시간을 설정해줄 수 있습니다. 기본 설정은 보기 편하게 Frequency는 1000Hz로 만들고, Amplitude는 1로, Duration은 1sec로 설정해 각각의 웨이브를 하나씩 선택해 만들었습니다. 각각의 웨이브를 만든 후에는 이전에 배웠던 wavread 명령으로 각각 불러온 후 FFT를 확인해보았습니다.

```
>> [sine, fs, bits]=wavread('sine1000_1s.wav') ;   % 만든 사인파를 Octave에서 불러옵니다.
>> n=length(sine) ;                                % 사인파의 샘플 개수를 n에 저장
>> sine_fft=abs( fft(sine) ) ;
>> sine_fft=sine_fft(1 : n/2) ;
>> f=fs * (0 : n/2 - 1) / n ;
>> plot (f(1 : 5000), sine_fft(1 : 5000))          % 가로축과 세로축을 5000개의 샘플
                                                   까지만 확인하는 그래프를 그립니다.
```

만들어진 그래프는 교수님께서 보내주신 메일에 있는 그림과 같지만, 주파수(가로축)의 값만 다른 그래프가 만들어졌습니다.

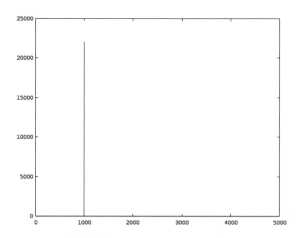

그림 2-30 1000Hz의 사인파를 FFT로 분석한 그래프(5000개의 샘플만 확인)

그림 2-30과 같이 그래프가 그려지는데요. 역시 예상대로 사인파는 배음은 하나도 없이 기음만 존재하는 외로운 파형이었습니다.

외로운 사인파를 뒤로하고 나머지 파형들도 확인해야겠는데요.
일단 사인파처럼 각각의 파일들을 불러옵니다.

```
>> [sine,  fs,  bits] = wavread('sine1000_1s.wav') ;
>> [saw,  fs,  bits] = wavread('saw1000_1s.wav') ;
>> [square,  fs,  bits] = wavread('square1000_1s.wav') ;
>> [noali,  fs,  bits] = wavread('sq_noali1000_1s.wav') ;
```

각 파일을 불러올 때, Y의 변수는 사인파를 불러올 때와 마찬가지로 임의로 제가 보기 편하게 불러왔습니다.

이제 FFT 분석을 해야 하는데요. 먼저 세로축이 각 배음성분의 크기라고 하셨는데, 외로운 사인파의 크기는 20000과 25000의 사이의 어중간한 어디쯤인 것 같습니다.
(아마 sine_fft = sine_fft(1 : n/2)의 함수로 세로축은 0~22050의 값을 가지지 않을까요?)

그래서 주신 코드에서 이 부분만 수정하여 최댓값이 1이 되도록 만들어보았습니다.
위의 코드에 이어서 다음의 코드를 작성해주었습니다.

```
>> n=length(sine) ;                    % sine의 샘플 개수를 n에 저장
>> sine_fft=abs( fft(sine) ) ;
>> sine_fft=sine_fft(1 : n/2) / (n/2) ;  % 위에서 얻은 값 중 첫 번째 값부터 n/2에
                                         해당하는 값까지만 저장하고, 그 값들 전체
                                         를 n/2로 나누어줍니다. 이렇게 하면 최댓값
                                         은 1이 됩니다.
>> saw_fft=abs( fft(saw) ) ;
>> saw_fft=saw_fft(1 : n/2) / (n/2) ;
>> square_fft=abs( fft(square) ) ;
>> square_fft=square_fft(1 : n/2) / (n/2) ;
>> noali_fft=abs( fft(noali) ) ;
>> noali_fft=noali_fft(1 : n/2) / (n / 2) ; % 위의 sine_fft와 이름만 다르고, 코드는 동일합
                                            니다.
>> f=fs * (0 : n/2 - 1) / n ;
>> plot (f, sine_fft)
>> plot (f, saw_fft)
>> plot (f, square_fft)
>> plot (f, noali_fft)
```

위에서 샘플 개수인 n은 모든 웨이브의 개수가 같습니다. 그러므로 중복해서
사용했지만 실제로 웨이브의 길이가 다르거나, 샘플레이트가 다를 경우에는
n을 동일하게 사용해줄 수 없으니, 주의해야 할 것 같습니다.
각각 만들어진 FFT 그래프는 각각 그림 2-31, 그림 2-32와 같습니다.

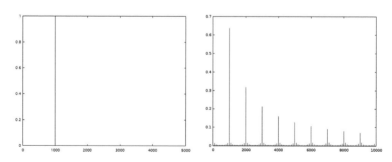

그림 2-31 각 파형의 FFT 그래프. 사인파(왼쪽), 톱니파(오른쪽)를 확대한 그래프

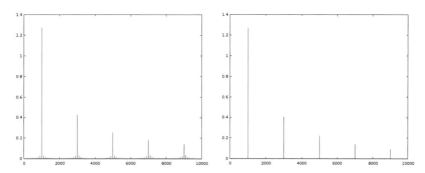
그림 2-32 각 파형의 FFT 그래프. 사각파(왼쪽), 사각파 no Alias(오른쪽)를 확대한 그래프

그림 2-31은 기음밖에 없는 사인파와 정수배의 배음을 포함하는 톱니파 (1000Hz 기준으로 2000Hz, 3000Hz로 배음이 증가하는 파형)의 그래프이고, 그림 2-32는 홀수배의 배음만 들어 있는 사각파(1000Hz 기준으로 3000Hz, 5000Hz로 배음이 증가하는 파형)와 같은 사각파를 에일리어싱 없이 만든 파형 의 그래프입니다. 각각의 파형의 배음성분은 FFT에서 잘 그려주고 있습니다.

이제 세 번째 과제인 하나의 명령어처럼 사용하는 방법을 찾아보겠습니다. 처 음에는 이게 무슨 과제인지 알 수가 없었습니다. 그래서 일단 힌트로 주신 .m 파일에 대해 찾아보고 작성하는 방법부터 찾아보았습니다.

m 파일이란 텍스트 편집기(메모장과 같은)에서 만들어지는 스크립트 파일인데 요. 여기서 스크립트란 Octave의 명령어들을 포함하고 있는 파일이라고 합니다. (참조 : https://www.gnu.org/software/octave/doc/interpreter/ Script-Files.html)

일단 Octave를 열어서 다음과 같이 입력합니다.

```
>>edit cat.m
```

cat에는 아무런 이름으로 작성해도 상관없습니다. lovelyz.m이나 apple.m
도 되겠네요.
(제가 사용하는 윈도우는 버전이 Windows 10이라 그런지 입력한 다음엔 편집
기의 호환성이 문제가 있을 수 있다는 메시지가 나옵니다. 하지만 그다음부터
는 메시지도 나오지 않고, 정상 작동을 하니 사용에는 지장 없는 것 같습니다.)
이렇게 입력하면 Octave 창이 아닌 워드패드와 비슷한 창이 나옵니다. 창의
가장 위부터는 ##으로 시작하는 설명이 나옵니다. 내용을 모두 지우고 다음과
같이 입력합니다.

```
a = 1
b = 2
c = a + b
```

이렇게 입력하고 저장해줍니다. (저장은 'Ctrl키와 S키'를 동시에 누르거나 메
뉴창 아래 있는 디스켓모양을 누르면 됩니다.) 이제 다시 Octave 창으로 돌아
와서 입력창에 cat이라고 입력합니다. 그럼 다음과 같이 나옵니다.

```
>> cat
a = 1
b = 2
c = 3
>>
```

cat이라는 메모장에 입력한 코드들이 Octave 창에 그대로 나오게 됩니다. 이제 언제든 1 + 2를 알고 싶다면 cat을 불러오면 될 것 같습니다. 이제 저 복잡한 FFT를 편하게 보기 위한 m 파일을 만들어보겠습니다.

```
>> edit FFT.m
```

으로 입력하고 열리는 워드패드 창에 다음과 같이 입력합니다.

```
y = input('input your wavefile : ') ;        % 'input' 명령은 m 파일에서 처리할 변수의 값을
                                              외부에서 입력할 때, 사용하는 명령어입니다.
fs = input('input your samplerate : ') ;
n = length(y) ;
y_fft = abs( fft(y) ) ;
y_fft = y_fft(1 : n/2) / (n/2) ;
f = fs * ( 0 : (n/2 - 1) ) ) / n ;
plot (f, y_fft)
```

입력 후 저장을 합니다. 이제 아까와 같은 오디오 파일을 wavread로 불러옵니다.

```
>> [y,fs,bits] = wavread('sine1000_1s.wav') ;
>> FFT
```

이렇게 입력하면 그림 2-33과 같이 Octave 창에 명령어가 나오게 됩니다. 여기에 각각 y, fs를 입력합니다. 모든 항목에 입력이 완료되면 그래프가 그려지게 됩니다. (그림 2-33의 그래프)

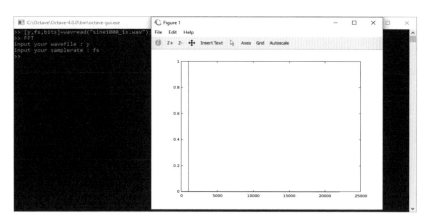

그림 2-33 FFT.m을 만들어서 확인한 사인파의 FFT 그래프

각각의 값을 입력하면 아까 확인했던 FFT가 나오는 것을 볼 수 있습니다. 이렇게 해서 불러온 오디오 파일의 FFT를 쉽게 확인할 수 있습니다. 시험 삼아 다른 파일들도 불러보니 그림 2-31, 그림 2-32와 같은 그래프들이 똑같이 나왔습니다.

이렇게 세 가지 과제를 다 끝내보았는데요. 매번 오디오 프로그램이나 이퀄라이저에서 쉽게 확인할 수 있었던 FFT를 이렇게 직접 만들어서 확인해보니 신기했습니다. 지금 당장은 푸리에 변환(Fourier Transform)의 개념이 매우 궁금하지만, 점점 공부하다 보면 자연스럽게 알게 되겠지요. 기본 파형을 만드는 것도 처음엔 어려웠으나, 지금은 매우 재미있는 놀이가 된 것처럼요.

새해에도 역시 Octave 공부는 재미있는 것 같습니다. 처음의 단순한 계산기가 점점 더 많은 일을 하는 것도 신기하고요. 앞으로가 더욱 기대됩니다.

새해가 되고 미국에서 정신없으시겠죠. 새해에 대한 정리 잘하시고 따뜻하게 1월을 맞이하시길 바랍니다. 답변 기다리겠습니다.

2-5. 노이즈, 임펄스, 처프(Noise, Impulse, Chirp)

From : octavejwchae@gmail.com
To : octavehhjung@gmail.com
Subject : 노이즈, 임펄스, 처프(Noise, Impulse, Chirp)

어느덧 벌써 소리의 재료에 대해서 다루는 마지막 메일이 되었네요. 지난번 메일을 보니 이제 Octave라는 도구에 대해서도 상당히 익숙해진 것으로 보이는군요. DSP에서는 소리의 재료라는 용어 대신 신호(Signal), 입력신호(Input Signal), 원신호(Original Signal)와 같은 용어를 사용한답니다.

앞서 실제로 존재하는 소리와 인위적으로 만들어내는 주기적인 파형에 대해서 다루었던 만큼 이번에는 당연히 인위적으로 만들어내는 노이즈(Noise)에 대한 이야기를 할 거라고 예상했을 텐데 노이즈(Noise) 이외에 임펄스(Impulse)와 처프(Chirp)라는 것도 다룬다고 하니 조금 당황했죠?
우선 현후 군에게 익숙한 노이즈에 대한 이야기를 먼저 하고 임펄스와 처프 신호에 관하여 공부하도록 하겠습니다.

:: 노이즈(Noise)

사운드 디자인에서 노이즈는 3가지의 관점으로 바라봤었답니다.

첫 번째는 녹음이나 합성을 통하여 얻어낸 사운드에 포함되는 원치 않는 또는 의도치 않은 사운드라는 의미로 제거해야 할 대상으로 보는 시각이었습니다. '소음, 잡음'이라는 사전적 의미와 '전기적, 기계적인 이유로 시스템에서 발생하는 불필요한 신호'라는 기술적의미를 만족하는 노이즈죠.

두 번째는 신시사이저(Synthesizer)에서 소리를 합성할 때 소리의 재료로 사용하는 노이즈였습니다. 감산합성(Subtractive)을 이용하여 소리를 합성할 때, 소리를 풍성하게 또는 거칠게 만들 요량으로 화이트 노이즈(White Noise), 핑크 노이즈(Pink Noise) 등의 노이즈를 합성음 중의 하나로 사용을 하였습니다.

세 번째는 음향시스템의 분석을 위한 신호로써 노이즈를 사용했었습니다.

우리는 세 번째 목적으로 노이즈를 사용할 것입니다.
(물론 DSP에서도 첫 번째와 두 번째 시각에서의 노이즈도 다루기는 한답니다.)

혹시 사운드 디자인 수업시간에 다뤘던 음향분석을 위해 사용하는 노이즈에 대해서 기억을 하나요?
'음향분석을 위해서는 화이트 노이즈와 핑크 노이즈를 주로 사용하는데 공간 음향 분석에서는 주로 핑크 노이즈를 사용하고 음향시스템 분석을 위해서는 주로 화이트 노이즈를 사용한다.
화이트 노이즈는 전 주파수 대역이 같은 에너지를 가진 신호이며 핑크 노이즈는 주파수가 두 배가 될 때마다 그 에너지가 3dB씩 줄어드는 신호이다.'

대략 이런 이야기를 했었을 텐데요. 그리고 아마 화이트 노이즈를 필터에 통과시켜서 나온 신호의 주파수 특성이 곧 그 필터의 특성이라는 실험도 수업시간에 함께 했을 것입니다.

우리가 이번에 다루게 될 노이즈가 어떤 것인지 감이 오나요?

맞습니다. 우리는 노이즈 중에서도 화이트 노이즈(White Noise)에 대해서 공부할 것입니다. 앞으로 우리가 배우고 구현하게 될 각종 필터의 특성을 확인하는 데 필요한 신호 중의 하나가 바로 화이트 노이즈니까요.

그런데 화이트 노이즈의 화이트(White)는 어떻게 붙여지게 된 이름일까요? 빛의 3원색은 빨간빛(Red), 초록빛(Green), 파란빛(Blue) 입니다. 이 3가지의 빛의 세기를 적절히 조정하면 우리가 원하는 빛의 색을 만들어낼 수 있고요. 그래서 컴퓨터에서 색을 설정할 때 RGB 값을 사용하기도 하죠. 그렇다면 이 3가지 빛이 모두 같은 세기로 빛을 낸다면 어떤 색의 빛이 나오게 될까요? 바로 하얀색이 나오게 됩니다. 그래서 음향에서도 모든 주파수 성분이 같은 에너지를 가지고 있는 사운드를 화이트 노이즈라고 하는 것입니다.

그럼 화이트 노이즈는 어떻게 만들 수 있을까요?
화이트 노이즈는 난수를 이용하여 만들게 됩니다. 난수란 '임의의 수, 무작위로 뽑아낸 수'를 의미하는데요. 그렇다고 해서 Octave가 완전히 마음대로 난수를 만들어내는 것은 아니고요. 일정한 조건을 정해주면 그 조건에 맞는 난수를 만들어주는 방식이랍니다. 우리는 randn이라고 하는 명령을 이용하여 난수를 발생하고자 하는데요. randn의 조건은 다음과 같습니다. (randn은 Normally Distributed random을 의미하고요. 정규분포를 갖는 난수 정도로 해석이 됩니다. 조금 더 설명을 하자면 평균은 0, 분산은 1인 정규분포입니다.)

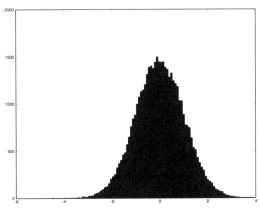

그림 2-34 randn 함수의 히스토그램

그림 2-34는 이해를 돕기 위해서 randn을 이용하여 44100개의 난수를 발생한 후, 각 값의 분포를 히스토그램이라고 하는 것으로 본 것입니다.

그림을 보면 0 주변의 값들이 많이 생성되었고 그 값이 0을 중심으로 거의 좌우 대칭을 이루고 있는 것을 볼 수 있을 것입니다. 난수의 조건이 바로 저런 분포를 따르고 있다는 것이죠.

혹시 직접 확인을 해보고 싶다면 다음의 코드를 입력해보세요.

```
>> y=randn(1, 44100) ;    % y라는 곳에 정규분포를 따르는 44100개의 난수를 만들어서
                             저장해주세요.
>> hist(y, 100)           % y에 저장된 44100개의 값에 대한 분포표를 보여주세요.
```

그럼 randn을 이용하여 화이트 노이즈를 만들어보겠습니다.

```
>> y=randn(1, 44100) ;
```

그런데 44100개의 데이터를 만들어낼 거라면 그냥 randn(44100)이라고 하면 될 거 같은데 randn(1, 44100)과 같이 입력을 해야 하는 이유는 뭘까요?

이쯤에서 드디어 비밀을 하나 알려줘야 할 때가 온 것 같습니다. MATLAB과 Octave는 행렬(Matrix)을 기반으로 하는 소프트웨어입니다. 공학에서 행렬은 아주 유용하게 사용이 되죠. 그래서 MATLAB이나 Octave와 같은 공학을 위한 소프트웨어는 행렬을 기반으로 하는 경우가 많습니다.

행렬이나 매트릭스(Matrix)라고 하면 너무 어렵게 생각을 할 거 같아서 지금까지 별도의 설명을 하지 않았던 것이고요. 앞으로도 함께 공부하는 과정에서 행렬을 다룰 일은 거의 없을 거 같습니다.

행렬은 간단히 이야기하면 행과 열이라고 생각할 수 있습니다. 그러고 보니 엑셀(Excel)과 같은 소프트웨어도 행렬이네요.

지금까지 행렬에 대한 설명 없이 사운드를 만들어내고 plot으로 그림을 그리고 하는 데 불편함이 없었던 이유는 사운드데이터가 각각의 샘플에 대하여 하나씩의 데이터만을 갖는 1행의 데이터였기 때문이고요. 앞으로도 지금처럼 사용하면 될 거랍니다.

그런데 숨길 거면 끝까지 숨기지 왜 지금에 와서 그 비밀을 밝히는 걸까요? randn과 같은 명령(함수)의 경우는 기본적으로 행렬을 기반으로 한 난수를 생성하기 때문에 만약 randn(44100)과 같이 사용을 하면 44100(행) * 44100(열)과 같이 어마어마하게 많은 데이터를 만들어내고 때에 따라서는 컴퓨터가 멈추게 되는 상황까지 갈수도 있을 거랍니다.

그래서 randn (1, 44100), 즉 1행에 44100개의 난수를 만들라고 명령을 한 것이죠.

만약 행렬에 대해서 궁금하다면 randn (3, 5)이라고 입력을 해보세요. 3행 5열의 난수 데이터를 보게 될 거랍니다.

이제 지금까지 숨겨왔던 Octave의 비밀도 알았고 44100개의 난수도 만들어냈으니 그림으로 확인을 해보도록 하겠습니다. 그래프로 그려보면 그림 2-35와 비슷한 그래프가 그려집니다.

```
>> plot(y)
```

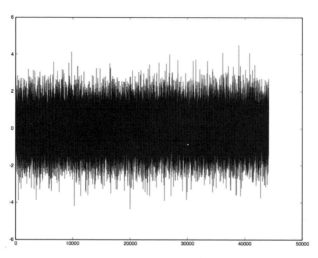

그림 2-35 randn(1,44100)으로 만들어진 노이즈

어! 그런데 지금까지 우리가 만들었던 소리는 모두 −1~1까지의 값을 가졌는데 여기서는 대략

−4부터 4까지의 값을 가지고 있습니다. 이 값을 −1~1까지의 값으로 만들기 위하여, y에 절댓값(0을 중심으로 변위가 가장 큰 값) 중에서 제일 큰 값이 얼마인지를 확인해보겠습니다.

```
>> max( abs(y) )
ans = 4.4796
* 난수로 만들어진 값이므로 현후 군이 보는 값은 위의 값과 다를 수 있습니다.
```

저 값으로 y의 값을 나누면 y의 값은 −1~1까지의 값을 갖게 되겠네요.

```
>> y=y / ans ;
```

ans에 이미 값이 저장되어 있으므로 y = y / max(abs(y)) ;와 같이 복잡하게 사용하지 않고 간단하게 y = y / ans ;라고 입력하였습니다.

y가 −1~1까지의 값으로 바뀌었는지 plot(y)을 통하여 확인을 해보도록 합시다. 그래프를 통해서 y가 −1~1까지의 값으로 변화된 것을 확인했다면, 이제 지난 시간에 공부한 fft 명령을 이용하여 y의 주파수 성분을 분석해보도록 하겠습니다.

```
>> y_fft=abs( fft (y) ) ;
>> y_fft=y_fft(1 : 44100/2) ;
>> f=44100 * (0 : 44100/2 − 1 ) / 44100 ;
>> plot(f, y_fft)
```

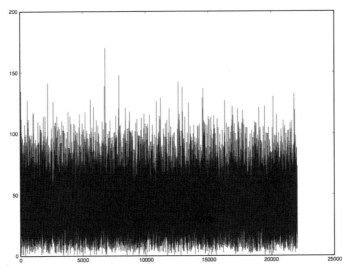

그림 2-36 노이즈의 FFT 그래프

그림 2-36을 보니 앞서 설명한 것과는 달리 모든 주파수 대역이 똑같은 에너지를 가지고 있는 것처럼 보이지는 않는군요.

그래도 전체 주파수가 대략 비슷한 에너지를 가지고 있는 것으로 보입니다. 완벽한 화이트 노이즈를 만들기 위해서는 조금 더 많은 공부를 해야 하는데요. 일반적인 사운드 소프트웨어에서도 저 정도 수준의 화이트 노이즈를 만들어내고 있으니 이 정도로 화이트 노이즈를 만드는 일은 마무리하도록 하겠습니다.

:: 임펄스(Impulse)

임펄스는 아주 짧은 시간 동안 큰 진폭으로 나오는 신호를 의미합니다.
우리가 만드는 신호는 그 최대 크기가 1이니까 첫 번째 샘플의 크기만 1이고 나머지 샘플의 크기는 0인 신호라면 임펄스가 될 거 같군요.

```
>> y=zeros(1, 44100) ;
```

zeros는 영행렬이라고 합니다. 모든 요소를 0으로 채우는 행렬을 만드는 함수입니다. zeros(1, 44100)은 1행에 44100개의 0을 갖는 데이터를 만들어서 y에 저장하게 됩니다. y는 0 0 0 … 0의 데이터가 됩니다. (명령을 확인하고 싶다면 y=zeros(1, 10)과 y=zeros(10,1), y=zeros(10)을 입력하여 ans가 어떻게 표시되는지 확인해보세요.)

```
>> y(1)=1 ;
```

y의 첫 번째 데이터를 1로 만듭니다. 이제 y는 1 0 0 0 ... 0이 됩니다. 확인해

보겠습니다.

```
>> y(1:15)
ans =
    1   0   0   0   0   0   0   0   0   0   0   0   0   0   0
```

y의 16번째부터 44100번째 데이터는 모두 0일 것이고요.

이렇게 쉽게 샘플링 주파수 44100Hz 인 1초짜리 임펄스 신호를 만들어냈습니다.
이번에도 FFT를 통하여 임펄스의 주파수 성분을 분석해보겠습니다. 분석하면
그림 2-37과 같은 그래프가 그려집니다.

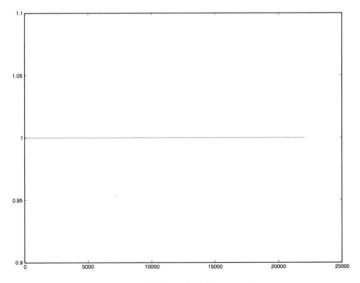

그림 2-37 임펄스 신호의 FFT 그래프

0~22050Hz까지 똑같은 에너지를 갖는 신호임을 확인할 수 있습니다. 임펄스는 이처럼 모든 주파수의 에너지가 균일한 신호이기도 하고 시간 축으로 봐서도 굉장히 의미 있는 신호입니다. 이 부분에 대해서는 나중에 딜레이에 대한 설명을 하면서 좀 더 깊이 있게 하게 될 것입니다.

:: 처프(Chirp) 신호

처프는 주파수가 시간에 따라서 연속적으로 변하는 신호를 나타냅니다. 다르게는 스위프(Sweep) 신호라고도 합니다.

지금 우리는 모든 주파수 대역의 에너지가 똑같은 신호에 대해 이야기를 하고 있는데요. 만약 한 주기 동안 0~Fs/2(샘플링 주파수의 반, 즉 표현할 수 있는 최대 주파수)까지 주파수가 연속적으로 변한다면 한 주기 동안 모든 주파수 대역의 에너지가 똑같은 신호가 만들어질 것입니다.

예를 들어서 샘플링 주파수가 44100Hz이고 1초 동안 0~22050Hz까지 주파수가 변하는 사인파를 만든다면 1초 동안의 주파수 성분을 분석했을 때, 모든 주파수 대역의 에너지가 같을 것이라는 거죠.

그럼 처프(Chirp) 신호는 어떻게 만들까요?

처프는 앞서 설명한 것처럼 시간에 따라서 주파수가 0~Fs(Sampling Frequency)/2로 변하는 신호입니다.

이를 위해서 주파수의 실체를 밝혀야 할 시간이 되었네요.

1Hz를 그린 그래프는 그림 2-38과 같습니다. 1초 동안 2pi만큼 움직인 것이 보이죠?

(Octave에서 sin(2*pi*t)로 만들 수 있습니다.)

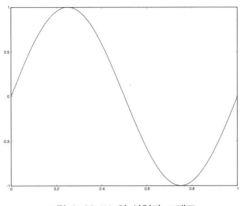
그림 2-38 1Hz의 사인파 그래프

이번에는 2Hz를 그린 그림(그림 2-39)입니다. 1초 동안 4pi만큼 움직인 것을 볼 수 있습니다. (Octave에서 sin(2*pi*t*2)로 만들 수 있습니다.)

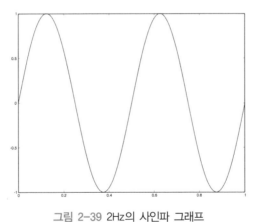
그림 2-39 2Hz의 사인파 그래프

그럼 5Hz라면? 그림 2-40과 같이 1초 동안 10pi만큼 움직인 것을 알 수 있을 것입니다.

(Octave에서 sin(2*pi*t*5)으로 만들 수 있습니다.)

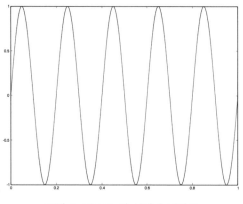

그림 2-40 5Hz의 사인파 그래프

일정한 시간 동안 움직인 거리라…. 이거 중학교 때 배웠던 속도와 같지 않나요? 그렇습니다. 주파수는 속도의 성격을 가지고 있습니다. 일정한 시간 동안 몇 번이나 진동하는가는 속도의 개념과 유사하죠. 그래서 sin (2 * pi * f * t)라는 수식에서 f * t는, f라는 주파수(속도)에 t만큼의 시간을 곱해서 나온 진동수(움직인 거리)에 2pi를 곱한 값에 대한 사인값을 의미하는 거였답니다.

그렇다면 중학교 때 배웠던 가속도에 대해서도 기억하나요?

가속도 a는 시간에 대한 속도의 변화량 즉, $\dfrac{v}{t}$를 의미하며 시간 t 동안 움직인 거리는 $\dfrac{1}{2}at^2$이라고 배웠던 것 말이죠.

(공학에서는 미분과 적분을 이용하여 처프를 풀어가는데 여기서는 최대한 쉽게 설명을 하기 위하여 중학교 때 배운 정도의 내용으로 설명하였습니다. 나중에 깊이 있게 공부를 하게 된다면 미적분학과 공업수학이라는 것을 공부해야 할 거라는 마음의 준비는 해두는 것이 좋을 거예요.)

그렇다면 주파수가 속도의 성격을 가지고 있다고 했으니 v 대신 f를 대입해서 신호를 만들어낼 수 있겠군요.

그럼 이제 처프에 적용을 해보도록 하죠.

3초 동안 주파수가 $0 \sim Fs/2$까지 변화하는 처프 신호를 만든다고 한다면

Fs = 44100

변하는 주파수값 : $0 \sim 22050$

시간에 대한 주파수의 변화량(a) : 22050 / 3

시간 t 동안 움직인 거리 : $\dfrac{1}{2}at^2$

그리고 그에 대한 사인값은 $\sin\left(2\pi \times \left(\dfrac{1}{2}\right)at^2\right)$이 될 것입니다.

```
>> fs = 44100 ;
>> t = 0 : 1/fs : 3;
>> a = 22050 / 3;
>> y = sin(pi * a * t.^2);        %1
```

코드로 정리하면 다음과 같습니다.

그런데 %1에 제곱연산이면 ^2이어야 할 거 같은데 왜 .^2이라고 쓴 걸까요? 앞에서 Octave는 행렬기반의 소프트웨어라고 했었는데요. 행렬에서의 곱셈은 조금 독특하게 계산이 된답니다. 예를 들어서 [2 3] * [4 5] = [8 15]이 될 거 같지만 행렬에서는 이런 곱셈을 할 수 없으므로 다음과 같은 에러 메시지를 보여줄 것입니다.

error : operator *: nonconformant arguments(op1 is 1x2, op2 is 1x2)

그래서 같은 행의 같은 열에 있는 값끼리 곱할 때는 곱하기(*) 앞에 점을 찍어서 같은 행의 같은 열끼리 곱하라는 명령을 내리는 것입니다. 즉, 103쪽에 예로 든 수식은 [2 3] .* [4 5]이라고 입력하면 ans = 8 15라는 값을 보게 됩니다. 제곱연산도 자기 자신을 두 번 곱하는 것이니까 그 앞에 점을 찍어서 같은 행의 같은 열에 있는 값들을 곱하라는 명령을 사용한 것입니다.

이렇게 해서 처프 신호를 만들어 봤는데요. 만드는 과정을 보고나니 뭔가 떠오르는 것이 있지 않나요? '사인안의 주파수가 시간에 따라 변하는 것', 주파수 변조(FM)가 기억나나요? 맞습니다. 처프도 일종의 주파수 변조에 해당하고요. 다만 주파수가 선형으로 변한다고 하여 처프는 선형 주파수 변조(Linear Frequency Modulation, 줄여서 LFM이라고 합니다.)라고 한답니다.

그럼 여기서 이번의 과제를 제시하도록 하겠습니다.

---

1. Audacity에서 화이트 노이즈를 만든 후, Octave에서 불러와서 FFT로 주파수 분석을 해봅시다.
2. Audacity에서 Chirp를 만든 후, Octave에서 불러와서 FFT로 주파수 분석을 해봅시다.
3. 2초짜리 처프 신호(Chirp, Sweep Sine, LFM)를 만들고 FFT 분석을 해보세요.

이렇게 해서 신호에 관한 이야기를 정리했네요.

그동안 수고 많았고요.
앞으로도 재미있게 공부해보자고요.

채진욱

From : octavehhjung@gmail.com
To : octavejwchae@gmail.com
Subject : 노이즈, 임펄스, 처프(Noise, Impulse, Chirp)_과제 확인

벌써 소리의 재료 마지막 시간이군요. 개인적으론 시그널(Signal) 중에 가장
난해하면서 어떻게 보면 가장 이해하기가 쉬운 게 노이즈인 것 같습니다.

과제를 해결하기 위해서는 먼저, Audacity에서 화이트 노이즈와 Chirp 신호
를 만들어야 하는데요.
일단 Audacity의 메뉴 중 Generate – Noise를 눌러 화이트 노이즈를 만들어
줄 준비를 합니다.

그림 2-41 Audacity의 Generate-Noise 메뉴

그림 2-41의 메뉴에서 Noise를 선택하면 만들게 될 노이즈의 설정을 지정할
수 있는 창이 그림 2-42처럼 나오게 됩니다.

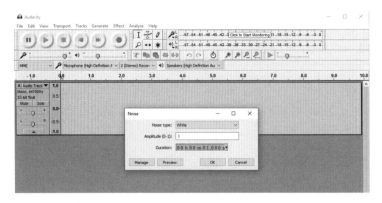

그림 2-42 Audacity의 Noise 메뉴를 선택했을 때 나오는 설정창

설정창에서는 노이즈의 타입, 노이즈의 최대 볼륨 크기, 재생시간을 정할 수 있습니다. 화이트 노이즈를 만들어야 하므로, 타입은 'White', 최대 볼륨 크기는 '1', 재생시간은 '1초'로 선택하고 'OK' 버튼을 눌러줍니다. 이렇게 하면 Audacity가 자동으로 화이트 노이즈를 만들어줍니다.

Chirp도 Generate 메뉴에서 선택할 수 있습니다. 그림 2-43과 같이 Chirp를 선택합니다.

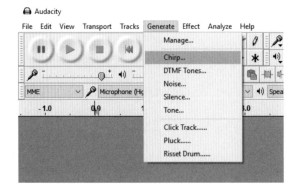

그림 2-43 Audacity의 Generate-Chirp 메뉴

Chirp 메뉴를 선택하면 노이즈와 마찬가지로 Chirp의 설정을 지정할 수 있는
창이 그림 2-44처럼 나오게 됩니다.

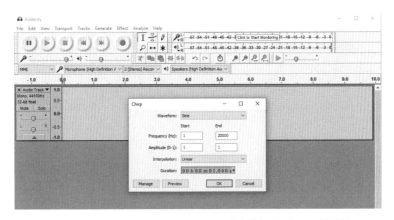

그림 2-44 Audacity의 Chirp 메뉴를 선택했을 때 나오는 설정창

Chirp는 노이즈보다는 설정할 부분이 조금 더 많습니다. Chirp 신호의 모양,
시작/마지막 주파수와 각각의 최대 볼륨 크기 등등 여러 가지를 설정하는 창이
나오게 됩니다.

여기서는 크게 바꿔줄 필요 없이, Waveform은 'Sine', 시작/마지막 주파수는
'1~20000', 최대 볼륨 크기는 '1', Interpolation은 'Linear', 재생시간은
'1초'로 만들어보았습니다.

만든 웨이브 파일의 저장은 앞에서 했던 것처럼 메뉴창의 File-Export
Audio를 이용해서 wav로 저장했습니다.

이제 Octave에서 만든 웨이브 파일을 가져와서 FFT를 확인해보도록 하겠습
니다.

```
>> [wn, wnfs, wnbits]=wavread('wn_8_1.wav') ; % 사용할 변수들의 이름은 편한 대로
                                                만들어주었습니다.
>> n1=length(wn) ;
>> w_fft=abs( fft (wn) ) ;
>> w_fft=w_fft (1 : n1/2) ;
>> f1=wnfs * (0 : n1/2 - 1) / n1 ;
>> plot(f1, w_fft)


>> [c, cfs, cbits]=wavread('chirp_8_2.wav') ;    % 사용할 변수들의 이름은 편한 대로
                                                  만들어주었습니다.
>> n2=length(c) ;
>> c_fft=abs( fft (c) ) ;
>> c_fft=c_fft (1 : n2/2) ;
>> f2=cfs * (0 : n2/2 - 1) / n2 ;
>> plot(f2, c_fft)
```

직접 위의 명령들을 작성해서 실행해도 되고, 이전에 만들어두었던 FFT.m을
사용해서 그래프를 확인할 수 있습니다. 각각의 파형들에 관해서 확인한 FFT
그래프는 그림 2-45와 같습니다.

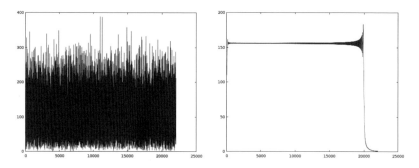

그림 2-45 노이즈의 FFT 그래프(왼쪽)와 Chirp의 FFT 그래프(오른쪽)

화이트 노이즈는 교수님께서 보내주신 그림과 별 차이가 없는 그래프가 그려졌습니다. Chirp의 경우에는 예상해보면 1부터 20000Hz까지 가득 채운 일정한 파란 사각형 모양이 나오리라 예상했는데, 사각형 모양 대신에 1부터 20000Hz까지 이어진 거의 일정한 모양의 파란선이 그려졌습니다. 예상과는 다르지만 1부터 20000Hz까지 일정한 에너지양(일정한 볼륨의 크기)을 가지고 있는 건 눈으로 확인할 수 있었습니다.

이제, Octave 안에서 Chirp 신호를 만들어보겠습니다.
설명해주신 Chirp 신호를 만드는 코드를 응용해서 2초간의 Chirp 신호를 만들어보겠습니다.

```
>> fs=44100 ;
>> t=0 : 1/fs : 2 ;
>> a=20000 / 2 ;
>> y=sin(pi * a * t. ^2) ;
>> plot(t(1 : 3200), y(1 : 3200))
```

전체 코드를 0부터 20000Hz까지의 Chirp 신호를 2초 동안 재생되도록 수정했습니다.
이렇게 해서 만들어진 Chirp 신호를 plot을 이용해서 살펴보면 그림 2-46과 같은 그래프가 그려집니다.

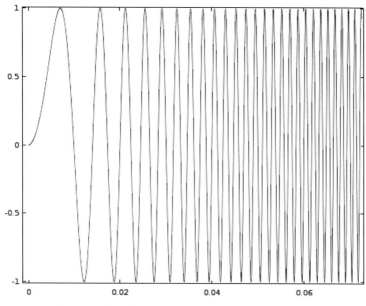

그림 2-46 만들어진 Chirp 신호를 0.075초간 살펴본 그래프

만든 Chirp 신호를 더 보기 편하게 확인하기 위해 샘플수를 3200개까지만 확인하는 그래프를 그렸습니다. (샘플을 조정해보지 않으면 화면 전체가 파란 색으로 도배되겠지요.)

예상했던 대로 사인파의 모양이 점점 좁아지는 것을 확인할 수 있었습니다.

이제 이 Chirp 신호를 FFT로 확인해보도록 하겠습니다. 잘 만들어진 신호라 면 Audacity에서 불러온 Chirp 신호의 FFT와 같은 모양을 할 텐데요. FFT 를 확인하는 코드는 다음과 같습니다. 위에 작성된 코드에 plot 부분을 지운 뒤(혹은 주석 처리해도 되겠군요.) 이어서 다음의 코드들을 입력하면 확인 가 능합니다.

```
>> n = length(t) ;
>> chirp_fft = abs( fft (y) ) ;
>> chirp_fft = chirp_fft (1 : n/2) ;
>> f = fs * (0 : n/2 - 1) / n ;
>> plot(f, chirp_fft)
```

이 코드를 사용해 만들어진 그래프는 그림 2-47과 같습니다.

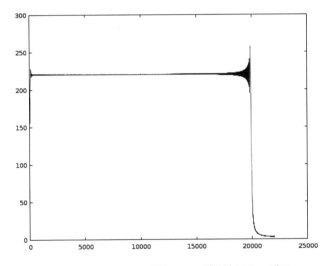

그림 2-47 Octave로 만든 Chirp 신호의 FFT 그래프

Audacity에서 불러온 신호의 그래프와 똑같이 모든 주파수의 크기가 어느 정
도 일정하게 그려졌습니다.

정신없이 교수님께서 내주신 과제들을 하다 보니 어느덧 기본적인 모양의 파형을 다 한 번씩은 만들어볼 수 있었네요. 매번 신시사이저에서 노브를 돌려서 듣기만 했던 파형을 직접 코드를 이용해 만들어볼 수 있다는 게 신기했습니다. 이제 다음번 메일부터는 전에 말씀하셨던 필터에 대해서도 다루게 되겠지요. 설레는 마음으로 기대하고 있겠습니다.

새해 첫 주말 따뜻하고 행복하게 보내시길 바랍니다.

쉬어가는 페이지(맥놀이 이야기)

From : octavejwchae@gmail.com
To : octavehhjung@gmail.com
Subject : 쉬어가는 페이지(맥놀이 이야기)

드디어 '소리의 재료들'에 대한 이야기를 마쳤네요.

이제 신호라는 것이 어떻게 만들어지는지에 대해서도 알았고 Octave라는 소프트웨어에 대해서도 어느 정도 익숙해졌을 터이니 우리가 사운드 디자인 수업시간에 다뤘던 음향현상을 Octave를 이용하여 구현해보는 시간을 가져볼까 합니다.

이 과정을 통하여 Octave라는 도구를 이용하여 음향현상을 어떤 식으로 시뮬레이션하고 검증할 수 있는지에 대하여 감을 잡을 수 있을 거랍니다.

:: 맥놀이 이야기

수업시간에 맥놀이라는 용어가 등장하면 몇몇 친구들은 노란색 간판의 햄버거 가게(맥**드)와 관련된 놀이라거나 사과 모양 컴퓨터와 관련된 놀이를 떠올리기도 했었죠.

그런 오해를 불식시키기 위해 맥놀이(Beating)에 대해서 간단히 설명하도록 하겠습니다.

맥놀이는 비슷한 주파수의 두 파형이 동시에 울릴 때, 두 주파수의 중간값에 해당하는 주파수가 생성되고 두 주파수의 차이에 해당하는 주파수로 음량이 커졌다 작아지기를 반복하는 일종의 간섭현상입니다.

예를 들어 220Hz의 사인파와 222Hz의 사인파를 동시에 울리면 들리는 소리는 그 중간주파수인 221Hz가 될 것이고 2Hz, 즉 1초에 두 번 커졌다 작아지기를 반복하는 현상이 일어나는 것입니다.

수식으로 표현하자면

$$\sin\left(2\pi f_1 t\right) + \sin\left(2\pi f_2 t\right) = 2\cos\left(2\pi \frac{f_1 - f_2}{2} t\right)\sin\left(2\pi \frac{f_1 + f_2}{2} t\right)$$

이런 식으로 표현할 수 있고요.

(지난 시간에도 잠깐 언급한 것처럼 DSP를 더욱 깊이 있게 공부하려면 수학적 기초가 필요할 거랍니다.)

여기까지는 소리에 대한 현상입니다.
그럼 저 소리에 대한 현상을 어떻게 시뮬레이션할 수 있을까요?

맥놀이의 시뮬레이션은 아주 간단합니다.
위의 예라면 220Hz의 사인파를 하나 만들고 222Hz의 사인파를 하나 만들어서 파형의 모습을 살펴보면 될 것입니다.

그렇다면 코드는 다음과 같이 만들면 되겠네요.

```
>> fs=44100 ;
>> t=0 : 1/fs : 1 ;
>> y1=sin(2 * pi * 220 * t) ;
>> y2=sin(2 * pi * 222 * t) ;
>> y3=y1 + y2 ;
>> plot(t, y3) ;
```

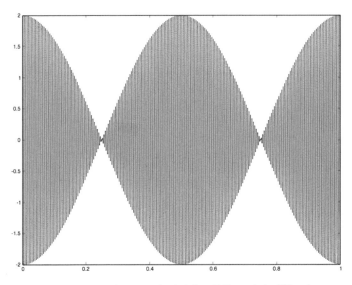

그림 ex1 220Hz와 222Hz의 사인파를 합친 소리의 파형그래프

정말 예측했던 파형이 만들어졌네요.

이처럼 어떤 음향적 현상에 대하여 그 원리와 현상을 이해하고 Octave를 통하여 시뮬레이션과 검증을 할 수 있는 것입니다.

:: 명령 프롬프트를 바꾸는 방법

지금까지 우리는 명령 프롬프트를 "〉〉"로 사용하고 있는데요. 맥에서 Octave를 사용하고 있는 저의 경우는 명령 프롬프트가 octave:1〉과 같은 모습으로 나오고 있습니다. 그런데 어떻게 현후 군과 같은 모양의 명령 프롬프트를 사용할 수 있었을까요?

또는 명령 프롬프트를 내 취향대로 바꿔서 사용할 수 있는 방법은 없을까요?

예를 들어 고양이를 좋아하는 현후 군의 경우라면 "〉〉" 표시가 아니라 "cat 〉〉"으로 하면 더 재밌게 공부할 수 있지 않을까요?

Octave에서 명령 프롬프트를 바꾸는 명령은 PS1을 사용한답니다. 위와 같이 cat >>로 명령 프롬프트를 바꾸고 싶다면

```
>> PS1("cat >>")
cat >>
```

이라고 입력하면 그 아래부터는 명령 프롬프트가 cat >>으로 바뀐 것을 확인할 수 있습니다.
저는 PS1(" >>")을 이용하여 >> 모양의 명령 프롬프트를 사용하고 있었던 것이랍니다.

그럼 조금 쉬고 다음 시간부터는 지금까지 우리가 만든 소리들을 어떻게 변화시킬 것인지에 대하여 공부해보도록 하겠습니다.

채진욱

Chapter 03

소리 요소들의 변화

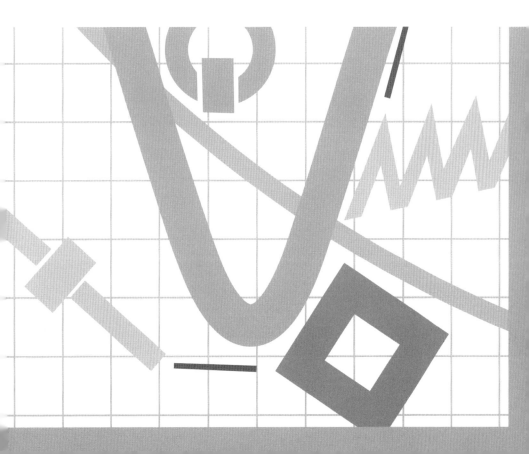

Chapter

03 소리 요소들의 변화

3-1. 소리의 3요소와 DSP의 구성요소

From : octavejwchae@gmail.com
To : octavehhjung@gmail.com
Subject : 소리의 3요소와 DSP의 구성요소

:: 신호와 시스템(Signals and Systems)

처음 공부를 시작하면서 '어떤 소리의 어떤 요소를 어떻게 제어할 것인가?'라
고 하는 사운드 디자인의 방법론에 대해 이야기를 했었습니다. 소리를 설계하
고 구현하기 위한 과정을 간단하게 정리한 것이었죠.
DSP에서는 이것을 '신호와 시스템'이라고 하는 것으로 해석합니다.

위와 같이 간단하게 설명이 가능하죠.
여기서 입력신호는 앞서 소리의 재료에 대해 이야기를 하면서 다루었고요.
이제부터는 시스템에 대해 이야기를 하려고 합니다. 시스템은 입력된 신호를
변화시키는 무엇인가를 의미하고요. 입력신호가 시스템을 통과하게 되면 출력
신호가 만들어지게 됩니다.

시스템은 우리가 흔히 이펙터 또는 이펙트 시스템이라고 부르는 것과 같은 것
으로 생각하면 될 것입니다.

:: 소리의 3요소(음량, 음정, 음색)

'시스템을 통하여 입력신호의 무엇을 변화시킬 것인가?'

우리는 DSP 중에서도 사운드 프로세싱에 대해서만 다루게 될 것이기에 시스
템을 통하여 음량, 음정, 음색, 그리고 지연시간을 변화시키게 될 것입니다.
이펙터를 이야기할 때, 음량을 변화시키는 다이나믹스(Dynamics) 계열, 음정
을 변화시키는 피치(Pitch) 계열, 음색을 변화시키는 필터(Filter) 계열, 그리
고 지연시간을 변화시키는 딜레이(Delay) 계열로 분류했던 거 기억나죠? (물
론 이펙터 분류에는 조금 다른 시각의 분류기준이 있기도 하지만요.)

그럼 이번 기회에 소리의 3요소에 대해서 간단하게 정리를 하고 가도록 하겠습
니다.

:: 첫 번째 요소. 소리의 크기(음량)

소리의 첫 번째 요소는 소리의 크기입니다. 소리에는 큰 소리도 있으며 작은
소리도 있습니다. 이 차이는 진동의 폭에 의한 것입니다.

그림 3-1에서 (a)의 소리를 기준으로 생각할 때, (b)와 같이 높낮이의 차이가
큰 진동은 큰 소리로 들리고 (c)와 같이 높낮이의 차이가 작은 진동은 작은
소리로 들립니다.

그리고 이 높낮이 차이의 $\frac{1}{2}$ 을 진폭이라고 표현합니다. 즉, 진폭이 큰 진동이
큰 소리가 됩니다.

진폭 : 진동하는 물체의 정지 위치로부터 진동하는 제일 먼 곳까지의 거리.
음파에서는 변동 폭의 $\frac{1}{2}$ 을 가리킵니다.

(최고 위치가 1, 최저 위치가 −1일 경우 (1−(−1)) * $\frac{1}{2}$ 로 진폭은 1이 됩니다.)

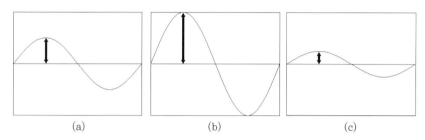

그림 3-1 (a), (b), (c) 각각의 신호별 소리의 크기, 화살표가 소리의 크기(진폭)를 나타낸다.

소리의 크기   (b) > (a) > (c)

진폭   (b) > (a) > (c)

:: 두 번째 요소. 소리의 높낮이(음정)

소리의 두 번째 요소는 소리의 높낮이(음정)입니다. 소리는 저음으로부터 고음까지 다양한 높이의 소리가 존재합니다. 이 차이는 1초 동안 반복하는 진동의 수에 의해서 만들어지게 됩니다.

그림 3-2를 예를 들면 (a)를 진동의 기준으로 생각하면 (b)와 같이 진동의 수가 많은 것은 높은 소리로 들리고 (c)와 같이 진동의 수가 적은 것은 낮은 소리로 들리게 됩니다.

여기서 1초 동안 진동의 수를 주파수라고 합니다. 다시 말해서 주파수의 값이 큰 진동은 높은 소리를 주파수 값이 낮은 진동은 낮은 소리를 내게 됩니다. 주파수는 Hz(헤르츠)라는 단위를 사용하는데 1[Hz]는 1초에 1번 진동하는 것을 나타내며 20[Hz]는 1초에 20번 진동하는 것을 의미합니다.

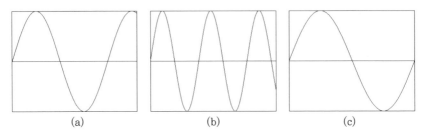

그림 3-2 (a), (b), (c) 각각의 신호별 진동의 수(주파수)

소리의 높이   (b) > (a) > (c)
주파수   (b) > (a) > (c)

소리의 높낮이를 이야기할 때 주파수 이외에 주기라는 표현을 쓰는 예도 있습니다.
주기 : 진동이 한번 일어나는데 걸리는 시간

그림 3-3은 신호 안에서 주기를 표현한 그림입니다. 어느 곳을 시작지점으로 하더라도 진동이 일어났을 때, 시작지점에서 신호가 재생되어 다시 시작지점의 값으로 돌아오게 됩니다.

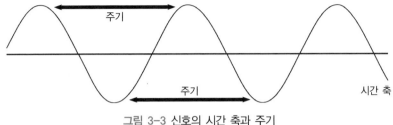

그림 3-3 신호의 시간 축과 주기

1[Hz]는 1초에 1번 진동하는 것을 의미하므로 주기는 1초가 됩니다. 또 10[Hz]의 경우는 1초에 10번 진동하는 것을 의미하므로 주기는 0.1초가 됩니다. 간단하게 정리하면 주기는 1을 주파수로 나눈 것과 같습니다.

$$주기 = \frac{1}{주파수[Hz]}\ (초)$$

소리의 높낮이는 주로 주파수를 이용하여 나타내며 사람이 들을 수 있는 주파수(가청 주파수)는 20[Hz]에서 20000[Hz](20kHz)이라고 이야기합니다.

∷ 세 번째 요소. 소리의 밝기(음색)

소리의 세 번째 요소는 음색입니다. 음량과 음정이 같아도 다르게 들리는 소리는 많이 있습니다. 그 차이는 그 소리가 가지고 있는 주파수의 구성성분 차이 때문입니다.

앞서 우리는 FFT라는 것을 이용하여 사인파, 사각파, 삼각파, 톱니파의 배음 성분. 즉, 주파수의 구성성분을 확인해봤습니다. 그리고 파형에 따라서 주파수의 성분에 차이가 발생하는 것을 알 수 있었습니다.

소리의 밝기(음색)의 차이는 주파수의 구성성분 차이에 의해서 만들어지게 되고 낮은 주파수 성분이 많이 포함되어 있다면 어두운 소리로 높은 주파수 성분이 많이 포함되어 있다면 밝은 소리로 들립니다.

:: DSP의 구성요소(덧셈, 곱셈, 지연)

시스템을 통하여 입력신호의 무엇을 변화시킬 수 있는지에 대해서 알아보았는데요.

그렇다면 어떻게 변화시킬 수 있을까요? 조금 더 쉽게 이야기하자면 어떻게 입력된 신호의 음량을 변화시키고 어떻게 입력된 신호의 음색을 변화시킬 수 있을까요?

우리는 이미 한 가지는 알고 있답니다. 사인파를 계속 더해서 삼각파나 사각파, 톱니파를 만들었던 것 기억나죠? 그렇습니다. 바로 여러 개의 입력신호를 더해서 입력신호를 변화시킬 수 있고요.

곱하기를 통해서 입력신호를 변화시킬 수 있습니다. 다음 시간에 우리는 곱하기를 이용하여 소리의 3요소 중 음량을 변화시키는 다양한 방법들에 대하여 다룰 것입니다.

마지막으로는 지연이 있는데요. 대부분은 입력신호를 복사해서 하나는 원신호를 그대로 사용하고 하나는 지연을 시키는 방법을 사용하게 됩니다.

이렇듯 덧셈, 곱셈, 지연 이라고 하는 3가지의 방법을 적절하게 조합하게 되면 입력신호를 우리가 원하는 소리로 바꿀 수 있게 된답니다.
3가지만 적절히 조합하면 된다고 하니 디지털 사운드 프로세싱이 그렇게 어렵게 느껴지지는 않죠?
지금까지 해온 것처럼 즐겁고 재미있게 계속 공부를 했으면 좋겠네요.

채진욱

3-2. 곱셈을 이용한 음량의 변화

From : octavejwchae@gmail.com
To : octavehhjung@gmail.com
Subject : 곱셈을 이용한 음량의 변화

이번 시간에는 지난 시간에 다뤘던 소리의 3요소 중 음량을 변화시키는 방법을 DSP의 두 번째 구성요소인 곱셈을 이용하여 구현하는 방법에 관하여 이야기 하려고 합니다.

:: 음량 키우기, 음량 줄이기

Octave에서 소리의 데이터를 만드는 일은 하나의 저장 공간에(이를테면 y와 같은) 시간의 흐름에 따른 각 샘플의 크기를 저장하는 일이었습니다.

만약 샘플링레이트가 44100Hz인 441Hz의 사각파를 만든다고 하면 1초에 44100개의 샘플이 있어야 하고 1초에 441번 진동을 해야 하므로 한 번 진동하는 시간은 100개의 샘플이 될 것입니다. 그래서 50개의 샘플은 1, 50개의 샘플은 −1을 반복하는 데이터를 만들었던 것을 기억할 것입니다.

좀 더 편한 계산을 위해 이번에는 샘플링레이트가 44100Hz인 4410Hz의 사각파를 만드는 것을 생각해보겠습니다. 5개의 샘플은 1, 다음 5개의 샘플은 −1의 값을 갖게 하면 되겠네요.

```
>> y=[ 1 1 1 1 1 -1 -1 -1 -1 -1 ] ;
```

이렇게 말이죠. 이렇게 만들어진 사각파의 진폭은 1이 됩니다. Audacity와 같은 사운드 편집 소프트웨어에서 보면 위, 아래를 꽉 채운 소리가 만들어지겠네요. 만약 사각파의 음량을 반으로 줄이고 싶다면 어떻게 하면 될까요?

```
>> y =[ 0.5  0.5  0.5  0.5  0.5  -0.5  -0.5  -0.5  -0.5  -0.5 ] ;
```

이렇게 하면 되겠네요. 그런데 이렇게 하나하나의 샘플에 대한 값을 일일이
지정하는 것은 그야말로 노동이 될 것입니다. 더군다나 우리는 이미 입력신호
에 대한 데이터를 가지고 있는데 말이죠. 그런데 자세히 보면 수정된 음량의
각 샘플의 크기는 입력신호의 각 샘플에 0.5를 곱한 값과 같습니다. 그렇다면
다음과 같이 해보면 어떨까요? 입력된 신호에 대하여 0.5를 곱하는 것입니다.

```
>> output = y * 0.5 ;               % 이때 y=[ 1 1 1 1 1 -1 -1 -1 -1 -1 ]입니다.
output =
   0.50   0.50   0.50   0.50   0.50   -0.50   -0.50   -0.50   -0.50   -0.50
```

어떤 변수에 곱하기하면 그 변수에 있는 모든 값에 일률적으로 곱셈을 시행하
게 되는 것입니다.

이와 같은 방법으로 소리의 음량을 키우거나 줄일 수 있습니다. 참고로 1보다
작은 값을 곱하면 소리가 작아지고 1을 곱하면 입력신호랑 같은 값이 출력신호
로 만들어질 터이니 입력신호와 같은 신호가 출력되고 1보다 큰 값을 곱하면
소리가 커지게 됩니다.

:: 페이드 인(Fade In)과 페이드 아웃(Fade Out)의 구현

페이드 인(Fade In)은 소리의 시작부분에 주로 적용이 되며 소리가 점점 커져
서 일정한 음량에 이르게 되는 것이고요. 페이드 아웃(Fade Out)은 소리의
끝부분에 주로 적용이 되며 소리가 점점 작아지면서 사라지는 것입니다. 그렇

다면 Octave에서 페이드 인과 페이드 아웃은 어떻게 구현할 수 있을까요? 페이드 인과 페이드 아웃은 원래의 음량만큼 커지는 데 걸리는 시간과 원래의 음량에서 소리가 사라지는 데 걸리는 시간을 결정해야 하겠네요. 만약 페이드 인되는 시간이 0.5초였다면 곱하는 값이 0부터 1까지 변화하는 데 0.5초가 걸린다는 것이겠네요.

```
>> fadeIn = 0 : 1 / fs : 0.5 ;        % 0.5초만큼의 샘플에 대한 값을 지정. fadeIn에는 0부터
                                        0.5까지의 값이 저장됩니다.
>> fadeIn = fadeIn * 2 ;              % 최댓값을 0.5가 아닌 1로 맞춰주기 위해 2를 곱해줍니다.
```

이렇게 만들면 fadeIn의 변수 안에 0.5초만큼의 샘플에 대한 값이 저장됩니다. 이제 이 fadeIn을 입력신호의 0부터 0.5초까지의 샘플에 곱해주면 페이드 인이 만들어지게 됩니다.

```
>> fs = 44100 ;                        % 샘플링레이트는 44100으로합니다.
>> t = 0: 1/fs : 3 ;                    % 3초짜리 소리 데이터를 만들 것입니다.
>> y = sin(2 * pi * 440 * t) ;         % 440 Hz의 사인파를 만듭니다.
>> y = y * 0.7 ;                        % y의 음량을 0.7배 하여 줄입니다.
>> fadeIn = 0 : 1/fs : 0.5 ;
>> fadeIn = fadeIn * 2 ;
>> length(fadeIn)                      % fadeIn에 저장된 값의 개수를 확인합니다.
ans = 22051
>> y(1 : ans) = y(1 : ans) .* fadeIn ;  % 입력신호 input의 0.5초 동안의 데이터에 0부
                                        터 1까지 변하는 fadeIn을 곱하여 소리가 점점
                                        커지게 합니다.
>> plot(t, y)
```

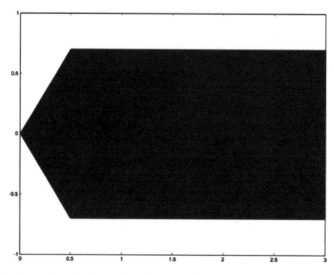

그림 3-4 0초부터 0.5초까지 페이드 인되는 진폭이 0.7인 사인파 그래프

0부터 0.5초까지는 음량이 0에서 시작해서 원래 음량인 0.7까지 점점 커지게
되고, 0.5초 이후에는 음량이 계속 0.7로 유지되는 것을 확인할 수 있습니다.
(꼭, 소리도 꼭 확인해보기 바랍니다.)

페이드 아웃도 페이드 인과 비슷한 방법으로 구현되는데요. 차이가 있다면 파
일의 끝부분에 적용해야 한다는 것과 곱해지는 값이 1부터 0까지 줄어들어야
한다는 것이죠.

```
>> fs= 44100 ;              % 샘플링레이트는 44100으로 합니다.
>> t=0: 1/fs : 3 ;          % 3초짜리 소리 데이터를 만들 것입니다.
>> y=sin(2 * pi * 440 * t) ;   % 440Hz의 사인파를 만듭니다.
>> y=y * 0.7 ;              % y의 음량을 0.7배 하여 줄입니다.
```

```
>> fadeOut = 0  :  1/fs  :  0.5 ;        % 0.5초 동안 페이드 아웃을 하기 위한 데이터를
                                         생성합니다.
>> fadeOut = (fadeOut * -2)  +  1 ;      % fadeOut을 1~0으로 조정합니다.
>> length(fadeOut)                       % fadeOut에 저장된 값의 개수를 확인합니다.
ans = 22051
>> y(end - ans + 1 : end) = y(end - ans + 1 : end) .* fadeOut ;
```

% 입력신호 y의 마지막 0.5초 동안의 데이터에 1부터 0까지 변하는 fadeOut을 곱하여 소리가
점점 작아지게 합니다. 여기서 end는 그 변수의 마지막 값을 의미합니다. 즉, end-ans는 제일
마지막 값부터 ans만큼을 거꾸로 센 값을 불러오게 됩니다.

* 예를들어 y=[0 1 2 3 4 5]라는 함수 안에서 뒤에서부터 세 번째 숫자인 3부터 마지막 숫자인
5까지만 꺼내보고 싶다면 '최종값(5) - 초깃값(3) + 1'이 되어야 우리가 사용하게 될 개수가
됩니다. 1을 더하지 않으면 뒤에서 세 번째 숫자가 아닌 뒤에서 네 번째 숫자부터 출력하게
됩니다. 이렇게 되면 위의 명령에서는 y의 길이와 fadeOut의 길이가 맞지 않아 오류가 생기게
됩니다.

```
>> plot(t, y)
```

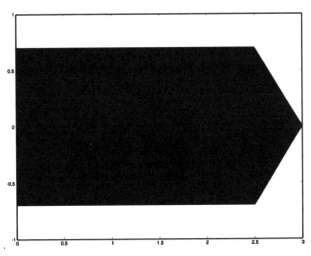

그림 3-5 2.5초부터 3초까지(0.5초 동안) 페이드 아웃 되는 진폭이 0.7인 사인파 그래프

:: 엔빌로프(Envelope)의 구현

Envelope은 '외곽선, 봉투'라는 뜻이 있는데요. 음량에 Envelope을 적용하게 된다면 시간의 흐름에 따라서 음량이 커졌다가 작아지는 모양새가 될 것입니다.

앞서 소리의 3요소를 이야기할 때 음량, 음정, 음색의 순서로 이야기한 데에는 이유가 있는데요. 저 순서는 일반적으로 사람의 귀가 반응하는 민감도에 따른 것입니다. 사람의 귀는 음량의 변화를 가장 잘 인지하고 다음으로 음정(음의 높낮이)의 변화를 잘 인지하고 음색의 변화에 가장 덜 민감하다고 합니다. 그래서 어떤 입력신호에 대해서 시간의 흐름에 따른 음량의 변화를 만들어내면 일반적으로 사람들은 그 차이를 가장 잘 인지하게 됩니다.

Envelope을 이야기할 때, 보통 ADSR(Attack, Decay, Sustain, Release)로 나누어서 설명하게 되는데요.

- Attack : 어택(Attack)은 소리가 시작되어 가장 큰 음량이 되는 순간까지의 구간으로 최대 음량을 기준으로는 0부터 1까지 곱해지는 구간이라고도 볼 수 있겠습니다. (Fade In이 일종의 어택 구간이었을 수도 있겠군요.)
- Decay : 디케이(Decay)는 최대 음량으로부터 유지구간(안정구간)까지 음량이 줄어드는(감쇠하는) 구간을 의미합니다. 최대 음량을 기준으로 곱해지는 값이 1부터, 유지구간의 곱해지는 값까지 줄어들게 될 것입니다.
- Sustain : 서스테인(Sustain)은 유지구간으로 특정한 변화 없이 음량이 유지가 되는 구간입니다.
- Release : 릴리즈(Release)는 소리가 멈출 때, 자연스럽게 소리가 사라지는 구간으로 곱해지는 값은 유지구간의 곱해진 값으로부터 0까지 줄어들게 됩니다. (Fade Out이 일종의 릴리즈 구간이었을 수도 있겠네요.)

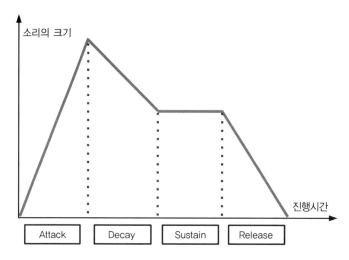

소리의 크기

진행시간

| Attack | Decay | Sustain | Release |

그림 3-6 ADSR의 일반적인 그래프. Y축은 소리의 크기, X축은 진행시간을 의미한다.

그렇다면 엔빌로프(Envelope)는 어떻게 구현할 수 있을까요?

Fs=44100, 주파수=330Hz, 최대 볼륨 0.7인 3초의 사인파를 가지고 Attack Time=0.3초, Decay Time=0.5초, Sustain Level=0.6(최대 볼륨의 60%, 즉 0.7*0.6=0.42만큼 유지), Release Time=0.5초에 해당하는 소리를 만들어보도록 하겠습니다.

Step 1. 전체 진폭이 0.7인 Fs=44100Hz, 주파수=330Hz, 전체 길이 3초의 사인파를 만듭니다.

```
>> fs = 44100 ;
>> t=0 : 1/fs : 3 ;
>> y=0.7 * sin(2 * pi * 330 * t) ;        % 음량이 최대 0.7인 330Hz의 사인파
```

Step 2. ADSR에 대한 값들을 생성합니다.

```
>> a=0 : 1/fs : 0.3 ;          % 0.3초에 해당하는 어택 데이터를 생성합니다.
>> a=a / 0.3 ;                  % a의 값을 0~1이 되도록 조정합니다.
>> d=0 : 1/fs : 0.5 ;          % 0.5초에 해당하는 디케이데이터를 생성합니다.
>> d=d / 0.5 ;                  % d의 값을 0~1이 되도록 조정합니다.
>> d=d * 0.4 ;                  % d의 값을 0~0.4의 값이 되도록 조정합니다.
>> d=(d * -1) + 1 ;            % d의 값을 1~0.6의 값이 되도록 조정합니다.
>> s=0.6 ;                      % 서스테인 레벨을 설정합니다.
>> r=0 : 1/fs : 0.5 ;          % 0.5초에 해당하는 릴리즈데이터를 생성합니다.
>> r=r * 2 ;                    % r의 값을 0~1이 되도록 조정합니다.
>> r=r * 0.6 ;                  % r의 값을 0~0.6이 되도록 조정합니다.
>> r=(r * -1) + 0.6 ;          % r의 값을 0.6~0이 되도록 조정합니다.
```

Step 3. Envelope을 Step 1에서 만든 사인파에 적용합니다.

```
>> length(a)
ans = 13231
>> y(1:ans)=y(1:ans) .* a ;    % 총 Attack 구간의 샘플(1부터 13231번째 샘플)에 어택
                                  데이터의 모든 값을 곱해줍니다.
>> length(d)
ans = 22051
>> y(13232:13232 + ans - 1)=y(13232:13232 + ans - 1) .* d ;
% 총 Decay 구간의 샘플(13232부터 35282번째 샘플)에 Decay 데이터의 모든 값을 곱해줍니다.
샘플 개수를 맞춰주기 위해 마지막 샘플 번호에서 1을 반드시 빼주어야 합니다.
>> length(r)
ans = 22051
>> y(end - ans + 1 : end)=y(end - ans + 1 : end) .* r;
% 총 Release 구간의 샘플(110251부터 마지막 132301번째 샘플)에 릴리즈데이터 모든 값을 곱해
줍니다. 샘플 개수를 맞춰주기 위해 시작하는 샘플 번호에서 1을 반드시 더해주어야 합니다.
y(35283 : 110250)=y(35283 : 110250) .* s ;
% Decay의 마지막 샘플(Attack 구간과 Decay 구간의 샘플을 더한 값)에 1을 더한 샘플부터
Release가 시작하는 샘플(110251번 샘플)에 1을 뺀 샘플까지가 Sustain 구간이 됩니다. 이 구간
에 서스테인 레벨을 곱합니다.
```

다 만들어진 소리의 그래프는 그림 3-7과 같습니다. 어때요? 똑같이 그래프를 그릴 수 있었나요? 또한 sound 명령으로 그림처럼 볼륨이 커졌다가 작아지는 걸 실제로 들어볼 수 있었나요?

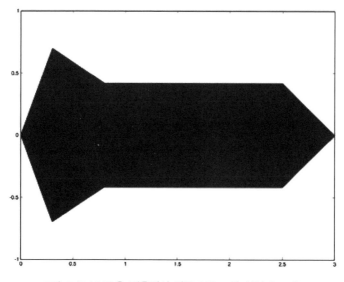

그림 3-7 ADSR을 적용해서 만든 330Hz의 사인파 그래프

이렇게 해서 엔빌로프(Envelope)를 구현하는 방법까지 알아보았습니다. 이제 오늘의 과제를 제시하겠습니다.

---

1. 하나의 wav 파일을 불러온 후 음량을 2배, 0.5배 하여 진폭을 확인하고 sound 명령을 이용하여 음량의 변화를 소리로 확인해보기 바랍니다. (만약 MAC에서 작업을 한다면 wavwrite 명령을 이용해 wav 파일로 만든 후에 Audacity에서 확인을 해보아야 할 거고요.)

2. 0.5초 동안 페이드 인이 되고 0.5초 동안 페이드 아웃이 되는 220Hz의 사인파를 만들어보세요.

3. 사인파에 엔빌로프를 적용하여 베이스 기타 사운드를 흉내 내어 보세요.

4. 톱니파에 엔빌로프를 적용하여 현악기 소리를 흉내 내어 보세요.

이번 과제는 논리적으로 복잡하지는 않지만, 코드의 길이가 길어져서 시간이 걸리지 않을까 싶네요.
그래도 끈기를 가지고 과제 완수하기를….

채진욱

From : octavehhjung@gmail.com
To : octavejwchae@gmail.com
Subject : 곱셈을 이용한 음량의 변화_과제 확인

이제 드디어 소리의 3요소를 지나, 실제 소리를 변화시키는 작업을 하게 되는 군요. 기본 파형을 만들어내는 것도 신기했지만, 소리를 변화시키는 일도 매우 재미있을 것 같습니다.

먼저, 하나의 웨이브 파일을 불러오라고 하신 과제를 해결하기 위해 Octave를 처음 열어서 사용했었던 wav 파일을 wavread를 이용해서 불러왔습니다.

```
>> [Y,FS,BITS] = wavread('sansamju.wav') ;
>> plot(Y) ;
>> Y1 = Y * 2 ;
>> plot(Y1) ;
>> Y2 = Y * 0.5 ;
>> plot(Y2) ;
>> sound(Y,FS) ;
>> sound(Y1,FS) ;
>> sound(Y2,FS) ;
```

불러온 파일의 진폭에 각각 2배, 0.5배 해서 그래프로 그려보고, 소리로도 들어보았습니다. 그림 3-8은 원본 파일과 비교하여 각각 2배, 0.5배 한 그래프의 그림이고, 그림 3-9는 wavwrite를 이용해 Audacity에서 불러온 파일 입니다.

그림 3-8 원본(왼쪽, 최고 볼륨 : 0.2), 2배(가운데, 최고 볼륨 : 0.4), 0.5배(오른쪽, 최고 볼륨 : 0.1)의 볼륨을 적용한 파일

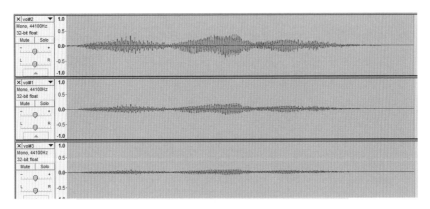

그림 3-9 Audacity에서 불러온 소리 파일, 위에서부터 순서대로 2배 크기, 원본, 0.5배 크기의 파일

Octave에서는 그래프의 가로축의 값을 보지 않으면 다 같은 파일인 것 같지만, Audacity에서는 역시 최고 볼륨인 1.0을 기준으로 보여주니 그래프만으로도 볼륨의 차이가 느껴지네요. 들어본 소리 역시 각각 볼륨의 차이가 확연히 드러났습니다.

두 번째 과제로 0.5초 동안 페이드 인이 되고, 0.5초 동안 페이드 아웃이 되는 220Hz의 사인파를 만들어보겠습니다. 먼저 사인파를 만들고, 말씀해주신 대로 페이드 인과 페이드 아웃의 명령을 만들어 곱해주었습니다.

```
>> fs=44100 ;
>> t=0 : 1/fs : 2 ;                        % 2초짜리 소리 데이터를 만듭니다.
>> y=sin(2 * pi * 220 * t) ;               % 220Hz의 사인파를 만듭니다.
>> fadeIn=0 : 1/fs : 0.5 ;
>> fadeIn=fadeIn / 0.5 ;
>> a=length(fadeIn) ;                      % a에 fadeIn의 개수를 저장해줍니다.
>> y(1 : a)=y(1 : a) .* fadeIn ;
>> fadeOut=0 : 1/fs : 0.5 ;
>> fadeOut=(fadeOut / -0.5) + 1 ;
>> b=length(fadeOut) ;                     % b에 fadeOut의 개수를 저장해줍니다.
>> y(end - b + 1 : end)=y(end - b + 1 : end) .* fadeOut ;
>> plot(t, y)
```

이렇게 해서 만들어진 사인파의 그래프는 그림 3-10과 같습니다.

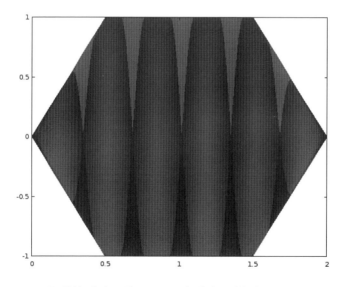

그림 3-10 0.5초 동안 페이드 인, 0.5초 동안 페이드 아웃되는 2초짜리 220Hz 사인파

2초를 기준으로 0.5초 동안 점점 커지다가, 마지막 1.5초부터 2초까지 점점 작아지는 모양의 그래프가 완성되었습니다. 크게 보니깐 마치 육각형의 모습인 것 같네요. 또한 각각의 변수를 입력가능하게 만든 .m 파일을 만들어 여러 가지 그래프를 그려보았습니다.

```
>> edit Fade.m
```

먼저 사용할 m 파일을 만들어줍니다. 이후에 나타나는 워드패드 창에는 다음과 같이 입력합니다.

```
time = input('input playTime(sec) = ') ;
freq = input('input freq = ') ;
fadeIn = input('input fadeIn Time (sec) = ') ;
fadeOut = input('input fadeOut Time (sec) = ') ;
fs = 44100 ;
t = 0 : 1/fs : time ;
y = sin(2 * pi * freq * t) ;
In = 0 : 1/fs : fadeIn ;
In = In / fadeIn ;
a = length(In) ;
y(1:a) = y(1 : a) .* In ;
Out = 0 : 1/fs : fadeOut ;
Out = ( Out / (-1 * fadeOut) ) + 1 ;
b = length(Out) ;
y(end - b + 1 : end) = y(end - b + 1 : end) .* Out ;
plot(t, y)
```

m 파일 내부의 명령들은 교수님께서 보내주신 코드에서 변수들만 따로 설정하여 만들었습니다. 만들어진 m 파일을 토대로 여러 가지 주파수에 페이드 인/아웃을 걸어보았습니다. 그림 3-11은 m 파일로 만든 소리의 그래프들입니다.

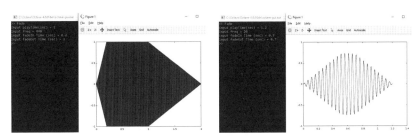

그림 3-11 m 파일로 페이드 인, 페이드 아웃 명령을 만들어 그려본 여러 가지 그래프

여러 가지 주파수에서 시간 축을 마음대로 설정할 수 있었습니다. 또한 설정한 시간보다 페이드 인과 페이드 아웃의 합이 더 클 때(그림 3-11의 오른쪽 그림) 최대 볼륨 크기도 줄어드는 것을 확인할 수 있었습니다.

세 번째 과제로 사인파에 엔빌로프를 적용하여 베이스 기타 사운드를 흉내 내보겠습니다. 흉내 내기 전에 먼저 베이스 기타 사운드의 엔빌로프가 어떤 모양인지를 알아야 하는데요. 일반적으로 베이스 기타를 손가락으로 그냥 튕길 때는 대체로 어택이 짧고 디케이가 적당히 길며, 서스테인이 매우 길게 유지되어 릴리즈와 구분되지 않고, 지속해서 0으로 떨어지는 모양을 가지고 있습니다. 그림 3-12를 보면 더 자세하게 알 수 있습니다.

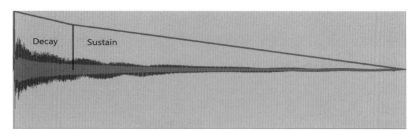

그림 3-12 베이스 기타의 소리가 시작해서 끝날 때까지의 모양

베이스 기타의 주법이나, 몇 번째 줄인지에 따라 조금씩 다르지만 제일 긴 줄은 거의 30초 넘게 지속하는 경우도 있습니다. (베이스를 연주하시는 교수님께서 저보다 더 많이 잘 알고 계시겠지요. 저는 현악기는 정말 못 다뤄서요.) 30초 정도 길게 만들면 좋겠지만, 왠지 컴퓨터가 부담스러울 것 같으니 줄여서 10초의 길이 안에서 베이스 기타와 비슷한 엔빌로프를 만들어보겠습니다.

Step 1. 엔빌로프를 적용할 사인파를 만듭니다. 샘플링레이트는 44100Hz로 재생할 사인파의 주파수는 41Hz로 설정합니다. (베이스 기타의 개방현 중 가장 낮은 E현이 대략 41Hz 되는 걸로 알고 있습니다.)
진폭은 변경 없이 1로 설정합니다.

```
>> fs = 44100 ;
>> time = 10 ;
>> t = 0 : 1/fs : time ;
>> y = sin( 2 * pi * t * 41) ;
```

Step 2. 이제 각 엔빌로프를 설정해주어야 하는데요. Attack은 0.1초, Decay는 1.2초, Sustain은 0.8, Release는 8초로 Decay Time이 끝난 후에 0.7초 동안 Sustain이 유지되고 바로 Release가 실행되게끔 설정하였습니다.

```
>> a=0 : 1/fs : 0.1 ;
>> a=a / 0.1 ;
>> d=0 : 1/fs : 1.2 ;
>> d=d / 1.2 ;
>> d=d * 0.2 ;
>> d=(d * -1) + 1 ;
>> s=0.8 ;
>> r=0 : 1/fs : 8 ;
>> r=r / 8 ;
>> r=r * 0.8;
>> r=(r * -1) + 0.8 ;
```

Step 3. 만든 엔빌로프를 위의 41Hz 사인파에 적용합니다.

```
>> length(a)
ans=4411
>> y(1 : ans)=y(1 : ans) .* a ;

>> length(d)
ans=52921
>> y(4411 + 1 : 4411 + ans)=y(4411 + 1 : 4411 + ans) .* d ;
>> sustainStart=4411 + 1 + ans    % Sustain 구간이 시작하는 샘플의 번호를 저장
                                  합니다.
sustainStart=57333

>> length(r)
ans=352801
>> y(end - ans + 1 : end)=y(end - ans + 1 : end) .* r ;
>>sustainEnd=length(y) - ans     % Sustain 구간이 끝나는 샘플의 번호를 저장합니다.
sustainEnd=88200

>> y(sustainStart:sustainEnd)=y(sustainStart : sustainEnd) .* s ;
                                  % Sustain 구간에 정해둔 Sustain Level만큼을 곱
                                  합니다.
>> plot(t, y)
>> wavwrite(y, 44100, 'bassE.wav') ;
```

이와 같은 과정으로 베이스 기타의 엔빌로프를 비슷하게 만들어보았습니다. 그리고 소리의 정확한 확인을 위해 wavwrite 명령으로 wav 파일을 만들어 Audacity에서 소리를 확인했습니다.

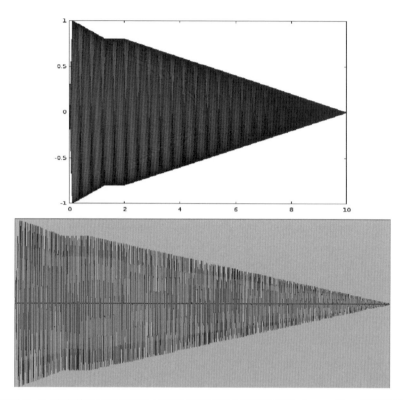

그림 3-13 사인파(41Hz)에 베이스 기타의 엔빌로프를 적용한 그림. Octave의 그래프(위)와 Audacity에서 불러온 파형(아래)

그림 3-13과 같이 사인파를 이용해 마치 올챙이(?) 같은 모양의 엔빌로프를 그려볼 수 있었습니다. 소리를 들어보고 조금 더 수정하고 싶었는데, 저 많은 명령을 다시 하나씩 바꿔주어야 한다는 것과 중간에 한 번이라도 잘못 입력하면 처음부터 다시 해야 한다는 것에 페이드 인/아웃 때처럼 m 파일로 만들어

사용하기로 했습니다.

또한 마지막 과제인 톱니파를 이용해 현악기 소리를 흉내 내는 방법에도 쉽게
적용하기 위해서라도 m 파일은 필요했습니다.
(물론, 명령들을 다시 계속 입력해주면 되지만, 중간에 한 줄이라도 빼먹거나
잘못 입력할 경우 그림이 많이 망가지더군요.)

만든 m 파일의 명령은 다음과 같습니다.

```
fs = input('samplerate : ') ;
time = input('time : ') ;
frequency = input('frequency : ') ;
vol = input('volume : ') ;
attackTime = input('attack time (0.1~) : ') ;
decayTime = input('decay time (0.1~) : ') ;
sustainLevel = input('sustain level (0~1) : ') ;
printf('release time (0.1~%d)', (time - (attackTime + decayTime) - 0.001)) ;
releaseTime = input(' : ') ;
% 여기까지가 입력할 모든 값입니다. 샘플레이트부터 각각의 ADSR의 값을 입력해야 합니다.
크게 손댈 것은 없으나 releaseTime의 경우 Attact과 Decay의 합보다 크면 전체 볼륨이 낮아지
거나, 모양이 제대로 안 만들어지기 때문에 입력해야 할 범위를 자동으로 계산하도록 설정해
두었습니다. 또한 최종 시간에 0.001을 빼주는 것은 Sustain 구간의 중복을 방지하기 위해서입
니다. 실제로 0.001을 빼지 않은 값을 대입할 경우 Decay와 Sustain이 중복되는 구간이 생겨
파형에 문제가 생기게됩니다.

t = 0 : 1/fs : time ;
y = vol * sin(2 * pi * frequency * t) ;
a = 0 : 1/fs : attackTime ;
a = a / attackTime ;
d = 0 : 1/fs : decayTime ;
d = d / decayTime ;
```

```
d=d * (1 - sustainLevel) ;
d=(d * -1) + 1 ;
s=sustainLevel ;
r=0 : 1/fs : releaseTime ;
r=r / releaseTime ;
r=r * s ;
r=(r* - 1) + s ;
```
% 여기까지가 ADSR의 계산 명령입니다. 위의 코드와 같은 명령이나 모든 값을 변수로 바꾸어주었습니다.

```
y(1 : length(a))=y(1 : length(a)) .* a ;
y(length(a) + 1 : length(a) + length(d))=y(length(a) + 1 : length(a) + length(d)) .* d ;
y(end - length(r) + 1 : end)=y(end - length(r) + 1 : end) .* r ;
time1=length(a) + length(d) + 1 ;
time2=length(y) - length(r) ;
y(time1 : time2)=y(time1 : time2) .* s ;
plot(t, y)
waveform=y ;
printf('Waveform will saved at the "waveform". you can write a "wavwrite function"
with a
"waveform"Wn')
```
% 모든 계산식을 y에 곱해서 그래프를 만드는 명령입니다. 위의 기본 명령과 같으나, 각 변수가 ans가 아닌 직접 이름으로 입력되었습니다. 그리고 y를 waveform이라는 변수에 저장해 wavwrite를 할 때 구분할 수 있도록 만들어주었습니다.

이렇게 m 파일을 만들어서 조금씩 단위들을 변경해서 베이스 기타의 엔빌로프와 비슷하도록 만들어보았습니다. 위의 파형보다 더 비슷한 모양이 나오도록 숫자들을 변경해보았습니다. 그림 3-14는 m 파일을 이용해 다시 만든 파형입니다.

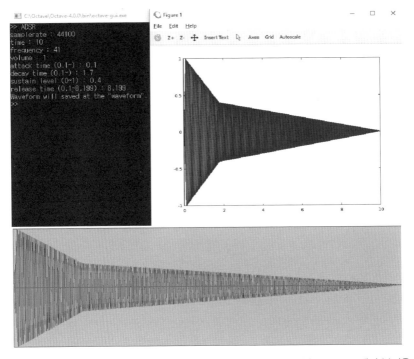

그림 3-14 m 파일을 이용해 값들을 넣어서 만든 파형(위)과 그 파형을 Audacity에서 불러온 모습(아래)

wavwrite를 사용할 때는 만들어둔 변수 'waveform'을 이용해서 wavwrite (waveform, 44100, '파일 이름.wav')를 이용하면 쉽게 만들 수 있었습니다.

이제 마지막으로 톱니파에 엔빌로프를 적용해서 현악기 소리를 흉내 내보겠습니다. 현악기 역시 주법이 다양하지만, 일반적으로 활이 현을 느리게 긋는 엔빌로프를 따라서 만들어보겠습니다. (Arco라고 한다죠? 악기론을 배운 지가 벌써 10년도 더 된 거 같아요.)

전체적인 모양은 어택이 매우 길고, 디케이가 서스테인과 잘 구분되지 않으며, 일정한 서스테인을 유지하다가 짧은 릴리즈로 소리가 끝나게 됩니다. 그림

3-15는 바이올린을 연주했을 때의 엔빌로프입니다.

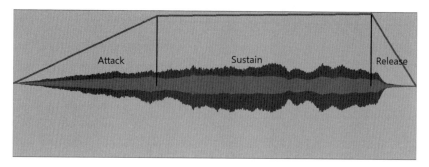

그림 3-15 바이올린의 소리가 시작해서 끝날 때까지의 모양

이런 모양을 만들어주기 위해서 위에서 사용한 m 파일 내의 파형을 톱니파로 바꿔주고, 엔빌로프를 설정해주면 되겠는데요. 생각해보니 파형도 미리 m 파일 내에 저장해두고 설정할 수 있도록 만들 수 있으면 좋겠다는 생각이 들었습니다. 그래서 Octave 매뉴얼 페이지를 살펴보고 좋은 게 어디 없나 찾다가 'The if Statement'라는 것을 발견했습니다.
(출처 : https://www.gnu.org/software/octave/doc/interpreter/The-if-Statement.html)

Octave에서 제공하는 if에 대한 설명은 다음과 같습니다.

```
-- Keyword:  if (COND) ... endif
-- Keyword:  if (COND) ... else ... endif
-- Keyword:  if (COND) ... elseif (COND) ... endif
-- Keyword:  if (COND) ... elseif (COND) ... else ... endif
    Begin an if block.

        x=1;
        if (x == 1)
          disp ("one");
```

```
        elseif (x == 2)
          disp ("two");
        else
          disp ("not one or two");
        endif
```

내용을 살펴보면 '만약에 x가 1이라면 'one'을 창에 표시해주고, x가 2라면 'two'를 창에 표시해주고 둘다 아니라면 'not one or two'를 표시하라'라는 내용으로, 제가 ADSR을 만들기 전에 미리 각 파형에 대한 선택 값들을 if를 사용해 넣어주면 될 것 같았습니다. 다음과 같이 파형을 선택할 수 있는 if 명령을 만들어줍니다.

교수님의 추가 설명: MATLAB 사용자를 위하여
for 문과 마찬가지로 MATLAB에서는 endif가 아니라 end를 사용합니다. Octave에서도 endif 대신 end를 사용해도 무방하니 MATLAB과 Octave에서 공용으로 사용할 수 있는 코드를 만들고자 한다면 endif 대신 end를 사용하는 것도 괜찮은 선택일 것입니다.

```
y=input('select waveform 1.sine, 2.saw, 3.triangle, 4.square : ') ;
fs=input('samplerate : ') ;
f=input('frequency : ') ;
time=input('time : ') ;
wave=0 ;
t=0 : 1/fs : time ;

% 1. 파형을 선택하고, 그다음 일반적인 파형을 만들 때 필요한 변수들을 저장합니다.

if(y= =1)
wave=sin(2 * pi * t * f) ;
elseif(y= =2)
for i=1 : 50 ;
```

```
wave=wave + ( (-1)^(i-1) / I ) * sin(i * 2 * pi * t * f) ;
endfor
elseif(y==3)
for i=1 : 50 ;
wave=wave + ( (-1)^(i-1) / (2 * i-1)^2 ) * sin( (2 * i-1) * 2 * pi * t * f) ;
endfor
elseif(y==4)
for i=1 : 50 ;
wave=wave + ( 1 / (2 * i-1) ) * sin( (2 * i-1) * 2 * pi * t * f) ;
endfor
endif
```

% 2. 각각의 파형을 선택한 번호에 if문을 넣어서 만들어 주었습니다. 파형은 모두 가산합성으로 만들었고, 배음은 50까지입니다.

위에서 만든 코드와 ADSR을 적용하는 코드를 합쳐 최종적으로 선택한 파형에 엔빌로프를 적용하는 코드를 만들어보겠습니다.

```
y=input('select waveform 1.sine, 2.saw, 3.triangle, 4.square : ') ;
fs=input('samplerate : ') ;
time=input('time : ') ;
f=input('frequency : ') ;
wave=0 ;
t=0 : 1/fs : time ;

if(y==1)
wave=sin(2 * pi * t * f) ;
elseif(y==2)
for i=1 : 50 ;
wave=wave + ( (-1)^(i-1) / I ) * sin(i * 2 * pi * t * f) ;
```

```
endfor
elseif(y= =3)
for i=1 : 50 ;
wave=wave + ( (-1)^(i-1) / (2 * i-1)^2 ) * sin( (2 * i-1) * 2 * pi * t * f) ;
endfor
elseif(y= =4)
for i=1 : 50 ;
wave=wave + ( 1 / (2 * i-1) ) * sin( (2 * i-1) * 2 * pi * t * f ) ;
endfor
endif
```

% 1. 이 부분까지는 파형을 선택하고 만들어주는 명령입니다.

```
vol=input('volume : ') ;
attackTime=input('attack time(0.1~) : ') ;
decayTime=input('decay time(0.1~) : ') ;
sustainLevel=input('sustain level(0~1) : ') ;
printf('release time(0.1~%d)', ( time-(attackTime + decayTime) - 0.001) ) ;
releaseTime=input(':') ;
```

% 2. 이 부분까지는 엔빌로프의 각 값을 정해줍니다.

```
y=vol * wave ;

a=0 : 1/fs : attackTime ;
a=a / attackTime ;
d=0 : 1/fs : decayTime ;
d=d / decayTime ;
d=d * (1 - sustainLevel) ;
d=(d * -1) + 1 ;
s=sustainLevel ;
```

```
r=0 : 1/fs : releaseTime ;
r=r / releaseTime ;
r=r * s ;
r=(r * -1) + s ;

y( 1 : length(a) ) = y( 1 : length(a) ) .* a ;
y( length(a)+1 : length(a)+length(d) ) = y( length(a)+1 : length(a)+length(d) ) .* d ;
y(end - length(r)+1 : end) = y(end - length(r)+1 : end) .* r ;
time1 = length(a) + length(d) + 1 ;
time2 = length(y) - length(r) ;
y(time1 : time2) = y(time1 : time2) .* s ;

% 3. 이 부분까지는 설정한 값을 적용해 엔빌로프를 만들어줍니다.

plot(t, y)
waveform = y ;
printf('Waveform will saved at the "waveform". you can write a "wavwrite function"
with a "waveform"₩n')
```

각 부분에 m 파일을 복사해서 넣고, m 파일을 실행해보았습니다.

파형은 톱니파를 선택하고, 주파수는 1000Hz, 재생시간은 5초, 음량은 1로 설정하였습니다. 또한, ADSR의 각 값들은 Attack은 3.8초, Decay는 0.1초, Sustain은 0.98, Release는 0.5초로 실행되게끔 설정하였습니다. 만들어진 파형은 그림 3-16과 같습니다.

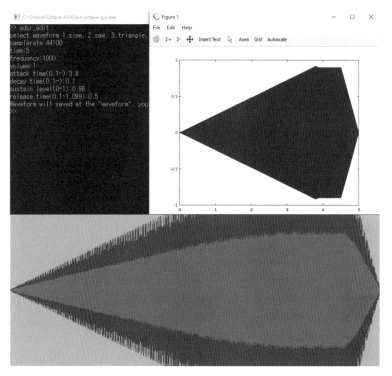

그림 3-16 m 파일을 이용해 값들을 넣어서 만든 파형(위)과 그 파형을 Audacity에서 불러온
모습(아래)

Audacity에서 들어보니 어택이 느린 현악기와 비슷하게 만들어진 것을 귀로
확인할 수 있었습니다. 이렇게 파형들을 만들 뿐 아니라 엔빌로프도 그려보았
는데요. 하드웨어 악기나 소프트웨어 악기를 다룰 때, ADSR로 설정된 노브나
슬라이더만 움직이면 소리가 변하는 줄 알았는데 실제로는 이런 계산을 통해
소리를 변화시킨다고 생각하니 놀라웠습니다. 그리고 ADSR의 동작에 대한
이해가 깊어진 듯합니다.

점점 더 재미있어지는 것 같습니다. 다음번 메일도 더 재미있겠죠?
그럼 좋은 하루 보내세요.

3-3. 샘플 개수를 이용한 음정의 변화

From : octavejwchae@gmail.com
To : octavehhjung@gmail.com
Subject : 샘플 개수를 이용한 음정의 변화

보내준 답장은 잘 받았습니다. 언제나 기대 이상의 과제 수행결과를 보여주고 있네요. 이제 고지가 얼마 남지 않았으니 조금만 더 힘을 내서 공부해보자고요. 보내온 답장을 보니 그래프로 확인하는 것이 조금 불편해 보이더라고요. 옥타브가 알아서 y축의 값을 조정하여 보여주다 보니 여러 개의 파형의 진폭을 비교하려고 할 때는 불편함이 있는 것 같네요. 이럴 때 사용할 수 있는 axis라는 명령이 있습니다.

axis ([x축의 시작점, x축의 끝점, y축의 시작점, y축의 끝점])

이 명령을 사용하면 현재 보이고 있는 그래프의 x축, y축의 범위를 조정해줍니다.
또 하나는 subplot이라고 하는 명령인데요. 여러 개의 그래프를 하나의 창에 표시해주는 명령이랍니다.

subplot(행, 열, 그래프를 그리게 될 순서)

현후 군이 보내온 것처럼 3개의 그래프를 1행에 배치한다면 다음과 같이 구성을 하면 될 것입니다.

```
>> t=0 : 1/100 : 1 ;
>> y1=sin(2 * pi * t) ;
>> y2=y1 * 0.7 ;
>> y3=y1 * 1.2 ;
>> subplot(1,3,1)
>> plot(t,y1)
>> axis([0,1,-1.5,1.5])
>> subplot(1,3,2)
>> plot(t,y2)
>> axis([0,1,-1.5,1.5])
>> subplot(1,3,3)
>> plot(t,y3)
>> axis([0,1,-1.5,1.5])
```

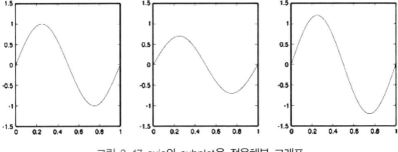

그림 3-17 axis와 subplot을 적용해본 그래프

이번 시간에는 소리의 두 번째 요소인 음정을 변화시키는 방법에 관하여 이야기하고자 합니다.

음정을 변화시키는 방법은 크게 두 가지로 나눌 수 있는데요.

첫 번째는 빠르기와 함께 높낮이를 변화시키는 것입니다. 예를 들어서 테이프를 빨리 재생하거나 레코드판을 빠르게 회전시키면 재생 속도가 빨라짐과 동시에 음높이가 올라가고 테이프를 느리게 재생하거나 레코드판을 느리게 회전시키면 재생 속도가 느려짐과 동시에 음높이가 낮아지는 것과 같은 방법입니다.

두 번째는 빠르기는 그대로 유지한 상태에서 음높이만을 올리거나 내리는 방법인데요. 이 방법은 조금 복잡한 과정을 거쳐서 구현됩니다. 이와 같은 방법으로 음높이를 조정하였을 때, 소리의 변형이 일어나게 되어 아직도 많은 알고리듬이 제시되고 있습니다. 어쩌면 이것이 현후 군의 미래의 과제가 될 수도 있을 거 같네요.

DSP를 처음 공부하는 우리는 원리에 충실한 첫 번째 방법에 대해 이야기를 하려고 합니다.

첫 번째 방법을 이해하기 위하여 한 번 상상해보도록 하겠습니다. 지금 우리는 테이프를 이용하여 음악을 듣고 있습니다.
테이프가 돌아가는 속도가 2배가 되었습니다. 음높이에는 어떤 변화가 생기게 될까요? 음높이는 한 옥타브만큼 올라가게 될 것입니다.
이번에는 테이프가 돌아가는 속도가 1/2배(즉, 두 배 느리게)가 되었습니다. 음높이에는 어떤 변화가 생기게 될까요? 음높이는 한 옥타브 낮아지게 될 것입니다.
왜 이런 일이 일어난 것일까요?
예를 들어 그림 3-18과 같은 파형이 있다고 해봅시다.

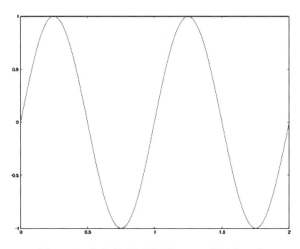

그림 3-18 2초에 두 번 진동하는 1Hz 사인파 그래프

그림 3-18은 2초 동안 두 번 진동하는, 즉 1Hz의 사인파입니다. 그런데 이 속도를 두 배 빠르게 한다면 2초에 두 번 진동하던 사인파가 1초에 2번, 즉 2Hz의 사인파로 변하게 됩니다. 주파수가 2배가 되었네요. 속도를 두 배 느리게 한 경우에는 2초 동안 2번 진동했던 사인파는 4초 동안 2번 진동하는 0.5Hz의 사인파로 변하게 됩니다. 주파수는 0.5배가 되었습니다.
(예전에 처프 신호를 만들 때, 주파수는 속도의 개념을 가지고 있다고 했던 것 기억하나요?)
이처럼 재생되는 속도를 빠르게 한 만큼 음높이가 올라가고 재생 속도를 느리게 한 만큼 음높이가 내려가게 됩니다.
속도가 두 배가 되면 주파수도 두 배가 되고 속도가 0.5배가 되면 주파수도 0.5배가 된 것처럼요.

좀 더 음악적으로 이야기하자면 속도가 두 배 빨라지면 주파수가 두 배 높아지고 이는 곧 한 옥타브 높은음을 만들어내게 되며 반대로 속도가 두 배 느려지면 주파수도 1/2배가 되고 이는 곧 한 옥타브 낮은음을 만들어내게 됩니다. (두 배의 주파수 차이는 한 옥타브 차이죠.)

좀 더 음악적인 이야기를 해보겠습니다. 우리가 표준으로 삼고 있는 A음('라' 음)은 440Hz입니다.

그렇다면 표준 A음(440Hz)보다 반음 높은 Bb음의 주파수는 어떻게 될까요? 현후 군은 음악을 전공했으니 한 옥타브는 12개의 반음으로 이루어져 있다는 사실을 알고 있을 것이고, 그렇다면 한 옥타브만큼의 차이인 440을 12로 나눈 약 37Hz만큼 높은 477Hz가 되지 않을까 예상을 할 수도 있겠네요. 하지만 주파수와 음악적 음정의 관계를 생각만큼 간단하지는 않답니다.

위에서 이미 설명한 것처럼 표준 A음과 그보다 한 옥타브 낮은 A음과의 차이 는 220Hz이고 표준 A음과 그보다 한 옥타브 높은 A음과의 차이는 440Hz이 다 보니 단순 곱셈으로 해결되지 않게 되죠.

그래서 어떤 기준이 되는 주파수보다 n개만큼의 반음만큼 높은 주파수를 얻고 자 하면 다음과 같은 수식으로 계산합니다.

$$f = 2^{\frac{n}{12}} \times f_0$$

그럼 주파수와 음높이와의 관계를 알았으니 이제부터 음정을 변화시키는 방법 에 대하여 알아보겠습니다.

:: 샘플링레이트를 조정하여 음정 변화시키기

위에서 재생 속도를 조절하면 음정을 변화시킬 수 있다고 했는데요. 샘플링레 이트라는 것이 1초에 몇 개의 샘플을 재생할 것이냐로 해석될 수 있으니 샘플 링레이트를 변화시키면 재생 속도와 더불어 음높이도 변화시킬 수 있습니다. 다음과 같이 1초에 44100개의 샘플을 갖는 표준 A음(440Hz)의 사인파를 만들어보겠습니다.

```
>> t=0 : 1/44100 : 1 ;
>> y=sin(2 * pi * 440 * t) ;
>> sound(y, 44100) ;
```

만들어진 사인파를 sound 명령을 이용하여 44100Hz의 샘플링레이트로 재생을 해보겠습니다.
아마 440Hz에 해당하는 사인파가 들렸을 것입니다.

만약 샘플링레이트를 44100의 두 배로 하면 어떻게 될까요?

```
>> sound(y, 88200) ;
```

샘플 개수가 44100개인데 샘플링레이트를 88200으로 하여 재생을 했으니 0.5초 동안 플레이되었을 것이고 재생 속도가 두 배가 되었으니 주파수도 2배가 되고 음정은 한 옥타브 높아진 A(880Hz)의 사인파가 들릴 것입니다.

이번에는 샘플링레이트를 22050으로 바꿔서 재생해보겠습니다.

```
>> sound(y, 22050) ;
```

이미 예상했겠지만 44100의 샘플을 1초에 22050개의 샘플씩 재생을 하니 2초 동안 재생이 되고 주파수는 1/2배인 220Hz, 즉 한 옥타브 낮은 A음이 들립니다.

:: 샘플 개수를 줄여서 음정 올리기

그런데 이와 같이 샘플링레이트를 변화시켜서 음높이를 변화시키는 것은 한계가 있습니다. 만약 위와 같이 만들어진 입력신호로부터 다양한 음정의 출력신호를 만들어서 웨이브로 저장하려고 한다면 웨이브로 저장하는 명령에서 이미 저장할 웨이브 파일의 샘플링레이트를 지정해줘야만 합니다.

```
>> wavwrite(y, fs, 'filename.wav') ;          % 이 명령에서 fs처럼 말이죠.
```

그렇다면 샘플링레이트를 변화시키지 않고 음정을 변화시킬 방법은 없을까요? 만약 위와 같은 예(샘플링레이트 : 44100Hz, 길이 : 1초, 주파수 : 440Hz, 사인파)에서 주파수를 두 배 높게 만들고 싶다면 홀수 번째, 혹은 짝수 번째 샘플만 뽑아서 새로운 신호를 만들어내면 어떨까요?

:: 홀수 또는 짝수 번째 값들만 뽑아서 새로운 변수에 저장하는 방법

일단 홀수 번째, 짝수 번째 샘플은 어떻게 뽑아낼 수 있을까요? 다음과 같이 1부터 10까지의 행렬을 만들어보죠.

```
>> y=1 : 10
y =
    1    2    3    4    5    6    7    8    9    10
```

우리는 앞선 실습에서 y1＝y(1：5)와 같은 명령을 통하여 y에 저장된 값들 중에서 첫 번째부터 다섯 번째까지의 값을 y1이라고 하는 변수에 저장하는 일들을 했습니다. 이것을 약간 응용하여 y(1：2：end)와 같이 사용하면 y에 저장된 값 중에서 첫 번째 값에서부터 마지막(end는 그 변수에 저장된 마지막 번째를 의미합니다.) 번째 값 중에서 홀수 번째 값들만을 뽑아내게 됩니다.

```
>>y_odd＝y(1 ： 2 ： end)
y_odd＝
    1    3    5    7    9
```

y(2：2：end)와 같이 사용하면 y에 저장된 값 중에서 두 번째 값에서부터 마지막(end는 그 변수에 저장된 마지막 번째를 의미합니다.) 번째 값 중에서 짝수 번째 값들만을 뽑아내게 됩니다.

```
>>y_even＝y(2 ： 2 ： end)
y_even＝
    2    4    6    8    10
```

위와 같은 방법을 이용하여

```
>> t＝0 ： 1/44100 ： 1 ;
>> y＝sin(2 * pi * 440 * t) ;
>> y2＝y(1 ： 2 ： end) ;
>> sound(y2, 44100) ;
```

을 실험해보면 샘플링레이트는 그대로 유지하면서 한 옥타브 올라간 사인파를 확인할 수 있을 것입니다.

그렇다면 음높이를 1.5배(음악적으로는 완전5도 - '도'와 '솔'의 차이) 높은음을 만들려면 어떻게 하면 될까요?
음높이가 1.5배 높아지면 속도가 3/2배 빨라지고 재생시간은 2/3로 줄어들게 됩니다.
다시 말해서 샘플을 3개 중에서 2개씩 뽑아내야 합니다. 이건 위와 같이 단순하게 해결할 수 있지는 않겠네요.
그럼 다음과 같이 코드를 만들어보면 어떨까요?

```
>> t=0 : 1/44100 : 1 ;             % 1
>> y=sin(2 * pi * 440 * t) ;       % 2
>> y2=[ ] ;                        % 3
>> for i=1 : length(y)             % 4
>  if(mod(i, 3) ~= 0)              % 5
>  y2=[y2 y(i)] ;
>  endif
>  endfor
```

%1, %2는 440Hz의 사인파를 만드는 과정입니다.
%3 주파수가 1.5배 높은 파형을 만들기 위한 새로운 변수 y2를 만들고 초깃값을 0으로 설정하였습니다.
%4 for 구문은 '2-3. 주기적인 파형만들기 Part II'에서 사인파를 여러 개 더하기 위해서 사용한 구문입니다.
%5 i를 3으로 나눈 나머지가 0이 아닌 경우에는 y2에 y의 값을 저장합니다.
따라서 이 과정을 거치면서 y로부터 1, 2번째, 4, 5번째, 7, 8번째와 같이

3개 중에서 2개씩만을 뽑아서 새로운 파형을 만들게 됩니다.

이와 같은 방법을 이용하면 원하는 만큼 음정을 올릴 수 있습니다.

> **교수님의 추가 설명 : MATLAB 사용자를 위하여**
> ~=는 같지 않다는 것을 의미하며 일반적인 프로그래밍 언어에서는!=를 사용하지만 MATLAB에서
> 는~=를 사용하며 Octave는 두 가지 모두를 허용하기에 여기서는~=를 사용합니다.

:: 샘플 개수를 늘려서 음정 내리기(Interpolation)

그럼 음높이를 내리는 것은 어떻게 하면 될까요? 음높이를 높이는 경우는 기존
의 샘플들 중에서 적절하게 몇 개씩의 샘플을 뽑아내서 새로운 파형을 만들면
됐습니다. 하지만 샘플링 주파수가 고정된 상태에서 음높이를 내리려면 샘플
의 개수를 늘려야 하는데 있지도 않은 샘플을 어떻게 늘릴 수 있을까요?

이를 위해서는 보간법(Interpolation – 디지털 신호와 같이 불연속적인 신호
들의 중간값들을 매워주는 방법)이라는 것을 사용하게 됩니다.

보간법에도 다양한 방법이 있는데 우리는 이 중에서 가장 단순한 선형보간법
이라는 방법을 이용하여 없는 샘플을 만들어 채우는 일을 하도록 하겠습니다.

:: 선형보간법의 구현

다음과 같이 0~20까지의 범위에서 짝수로만 구성된 변수 y를 만들었습니다.

```
>>y=0:2:20
y =
     0     2     4     6     8    10    12    14    16    18    20
```

이제 선형보간법(Linear Interpolation)을 이용하여 저 중간값들을 채워보겠
습니다.

코드를 만들기 전에 먼저 전략을 좀 세워볼까요? 원래 신호의 전체 데이터 크기는 11개이고요. 각 데이터들 사이를 하나의 데이터로 채운다면 만들어지는 새로운 데이터의 크기는 21개, 2*length(y)-1이 되겠네요.

새로 만들 데이터를 y2라고 한다면 y2의 첫 번째 값과 마지막 값은 원래 신호의 첫 번째 값과 마지막 값과 같을 거고요.

y2의 홀수 번째 데이터는 원래 신호의 것을 가져오면 되고 짝수 번째 데이터는 그 앞뒤 데이터의 평균값으로 채우면 되겠네요.

```
>> y=0 : 2 : 20 ;
>> y2=zeros(1, 2 * length(y) - 1 ) ;
>> for i=1 : (2 * length(y) - 1 )
> if (mod(i, 2) == 1)
>    y2(i)=y( (i - 1) / 2 + 1 ) ;
> else
>    y2(i)=( y(i / 2) + y(i / 2 + 1) ) / 2 ;
> endif
> endfor
>> y2
y2 =
   0  1  2  3  4  5  6  7  8  9  10  11  12  13  14  15  16  17  18  19  20
```

이제 알고리듬은 정리된 것 같습니다. 그럼 이번에는 샘플링레이트 44100, 440Hz의 사인파를 220Hz로 만들도록 위의 코드를 수정해보겠습니다.

```
>> t=0 : 1/44100 : 1 ;
>> y=sin(2 * pi * 440 * t) ;
>> y2=zeros(1, 2 * length(y) - 1) ;
>> for i=1 : (2 * length(y) - 1)
> if (mod(i, 2) == 1)
>    y2(i)=y( (i - 1) / 2 + 1 ) ;
> else
>    y2(i)=( y(i / 2) + y(i / 2 + 1) ) / 2 ;
> endif
> endfor
```

두 개의 코드를 살펴보면 y의 값을 만드는 부분을 제외하고는 완전히 똑같은 코드라는 것을 알 수 있습니다. 이처럼 코드를 전략을 세우고 만들게 되면 새로운 환경에도 거의 그대로 활용을 할 수 있습니다.

그럼 코드가 제대로 작동을 했는지 소리를 확인해보겠습니다.

```
>> sound(y, 44100)
>> sound(y2 , 44100)
```

한 옥타브 낮은음을 내는 것이 확인되나요? 이번에는 그래프로도 확인해보도록 하겠습니다.

```
>> plot( y(1 : 300) )
>> hold
>> plot( y2(1 : 300), '.' )        % '.'를 사용하면 실선이 아닌 점선 모양으로 바뀌게 되
                                      어 구분이 쉬워집니다.
```

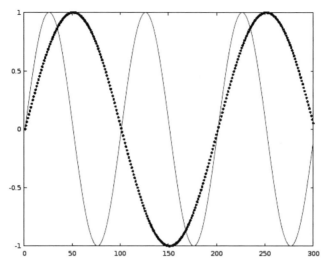

그림 3-19 440Hz의 사인파와 한 옥타브 아래의 파형을 비교한 그래프

hold 명령은 이전 그래프를 고정해두고, 다음 그래프를 그 위에 그려주는 명령입니다. 확인을 해보면 그림 3-19처럼 점선으로 그려진 두 배 느린 (주파수가 1/2인) 사인파를 확인할 수 있습니다.

이와 같은 방법을 이용하여 입력된 신호의 음높이를 원하는 만큼 낮추는 것도 가능합니다.

1. 표준 A음으로부터 한 옥타브 높은음까지의 각 주파수를 맞춰보세요.

   (표준 A음 : 440Hz)

A : 440Hz	A# :	B :	C :	C# :
D :	D# :	E :	F :	F# :
G :	G# :	A :		

2. 4410Hz의 샘플링레이트를 가진 440Hz의 사인파를 만들고, 사인파의 샘플링레이트를 변화시켜서 A , C# , E의 소리를 내보세요.

3. 본인의 목소리를 녹음한 후, 그 wav 파일을 불러와서 한 옥타브 올려봅시다.

4. 본인의 목소리를 녹음한 후, 그 wav 파일을 불러와서 완전5도 올려봅시다.

5. 본인의 목소리를 녹음한 후, 그 wav 파일을 불러와서 장3도(반음 4개) 올려봅시다.

6. 샘플링레이트 44100Hz, 440Hz의 사인파를 330Hz의 사인파로 만들어보세요.
   hint 1 샘플 3개를 4개로 만들면되니까 3개마다 하나씩 샘플 개수를 늘리면 됩니다.
   hint 2 위에서 사용한 코드를 그대로 사용하여 220Hz의 사인파를 만들고 앞서 음정을 올리는 데 사용했던 코드를 사용하면 별도의 코드를 짜지 않고도 330 Hz의 사인파를 만들 수 있습니다.

7. 본인의 목소리를 녹음한 후, 그 wav 파일을 불러와서 한 옥타브 낮춰봅시다.

5번의 경우에 주파수는 위에서 말했던 수식대로＝1.2599배 높아지게 됩니다. 계산의 편의를 위해서 1.25배로 계산을 하면 주파수는 5/4만큼 높아지는 것입니다.

참고. 우리가 현재 사용하고 있는 음계는 평균율(Equal Intonation)이라는 것을 따르고 있으며 평균율로 계산을 했을 때의 장3도는 약 1.26배 높은 주파수가 되지만 순정률(Just Intonation)에 따르면 장3도는 주파수가 1.25배 높은음이 됩니다.

이제 조금씩 난이도가 올라가는 것 같죠? 최대한 쉬운 방법으로 설명할 수 있도록 고민 중이니 차근차근 잘 따라와 주길 바랄게요.

채진욱

From : octavehhjung@gmail.com
To : octavejwchae@gmail.com
Subject : 샘플 개수를 이용한 음정의 변화_과제 확인

교수님, 보내주신 메일은 잘 읽었습니다. ADSR을 무사히 잘 푼 것 같아서 다행이라는 생각이 듭니다. 이번에 음정을 올리고, 낮추는 작업에 대한 메일은 말씀해주신 대로 그전까지에 비해 난이도가 올라간 느낌이 드네요. 한 번 보고 는 이해가 잘 안 되어 두 번씩, 세 번씩 보면서 직접 식들을 풀어보고 Octave 에서 하나씩 확인해보았습니다. 그러니 조금 이해가 되더라고요. 그리고 왜 설명의 첫 부분에 같은 신호를 샘플링레이트를 변화시켜서 재생하신 건지에 대해서도 알 수 있었습니다.

먼저 표준 A음인 440Hz의 사인파에서 한 옥타브 높은음까지 각 주파수를 맞 춰보라고 하셨는데, 이 말인즉슨 '440Hz부터 880Hz까지 12개로 나누어진 음 들의 주파수를 수식을 통해 풀어보아라.'라는 것으로 이해했습니다. 그래서 Octave에서 수식을 만들어 풀어보았습니다.

```
>> f=440
>> for i=0:12
fl=2^(i / 12) * f
endfor
```

이렇게 입력하니 그림 3-20과 같이 주파수가 계산되어 나왔습니다. 또한 제 대로 푼 것인지 확인을 위해 440Hz가 아닌 220Hz로도 풀어보았습니다.

```
C:\Octave\Octave-4.0.0\bin\octave-gui.exe
>> f = 440
f =  440
>> for i = 0:12
f1 = 2^(i/12) * f
endfor
f1 =  440
f1 =  466.16
f1 =  493.88
f1 =  523.25
f1 =  554.37
f1 =  587.33
f1 =  622.25
f1 =  659.26
f1 =  698.46
f1 =  739.99
f1 =  783.99
f1 =  830.61
f1 =  880
>> 
```

```
C:\Octave\Octave-4.0.0\bin\octave-gui.exe
>> f = 220
f =  220
>> for i = 0:12
f1 = 2^(i/12) * f
endfor
f1 =  220
f1 =  233.08
f1 =  246.94
f1 =  261.63
f1 =  277.18
f1 =  293.66
f1 =  311.13
f1 =  329.63
f1 =  349.23
f1 =  369.99
f1 =  392.00
f1 =  415.30
f1 =  440
>> 
```

그림 3-20 440Hz의 한 옥타브 위까지 음들의 주파수(왼쪽)와 220Hz의 한 옥타브 위까지 음들의 주파수(오른쪽)

나중에 표준 A음보다 반음이 세 개 높은 C음을 만들고 싶다면 주파수에 $2^{\left(\frac{3}{12}\right)} = 1.1892$를 곱해주면 만들 수 있겠군요. 인터넷에서 검색하면 주파수에 대해서는 다 나오겠지만, 그래도 이렇게 직접 계산해서 사용하는 방법을 아는 게 더 유용할 것 같습니다.

두 번째 과제는 44100Hz의 샘플링레이트를 갖는 440Hz의 사인파를 만들어 샘플링레이트 변화로만 A, C#, E의 소리를 내는 것인데요. 일단 440Hz가 표준음이니 A음은 그대로 소리를 내주면 되고, 나머지 C#, E는 어떻게 만들어야 하나 생각하다 보니 위의 수식에 대입해보면 될 것 같다는 생각이 들었습니다. 즉 C#은 44100Hz의 샘플링레이트에서 $2^{\left(\frac{4}{12}\right)} = 1.2599$배 한 샘플링레이트로 (약 1.26배) 재생하고, E는 $2^{\left(\frac{7}{12}\right)} = 1.4983$배한 샘플링레이트로 (약 1.5배) 재생하면 각 C#, E로 재생이 될 것 입니다.

```
>> t = 0 : 1/44100 : 1 ;
>> y = sin(2 * pi * 440 * t) ;
>> sound(y, 44100)      % 표준 A음에 44100Hz의 샘플링레이트로 재생
>> sound(y, 55566)      % 표준 A음에 44100 * 1.26 = 약 55566Hz의 샘플링레이트로 재생
>> sound(y, 66150)      % 표준 A음에 44100 * 1.5 = 약 66150Hz의 샘플링레이트로 재생
```

이렇게 만들어서 재생해보았습니다. 제가 절대음감이 아니라서 바로 듣고 맞다, 틀리다를 판단할 수는 없었고 피아노의 음과 비교해서 들어보았습니다. 피아노의 A음부터 C#, E를 비교해보면서 들어보니 비슷한 음정으로 재생되는 것을 알 수 있었습니다. 또한 재생되는 시간이 음높이가 높아질수록 짧아지는 것도 소리로 확인 가능했습니다.

세 번째, 네 번째, 다섯 번째 과제는 제 목소리를 불러와서 음정을 올려보는 것인데요. 일단 샘플의 개수를 몇 개씩 줄여야 할지부터 생각해보아야겠습니다. 한 옥타브의 경우에는 반음이 12개 올라가니 2배의 주파수가 되고 속도를 2배 빠르게 만들면 될 것입니다. (즉, 보내주신 명령 그대로를 사용해서 만들면 될 것 같습니다.)

```
>> y(1 : 2 : end) ;
```

그다음에 완전5도, 즉 반음을 7개 올려야 하는데요. 이건 힌트로 주신 수식에 넣어보면 $2^{\left(\frac{7}{12}\right)} = 1.4983$배의 주파수가 되니 약 1.5배의 주파수, 즉 속도를 3/2배 빠르게 만들면 될 것입니다.
(이것 역시 보내주신 명령 그대로를 사용해서 만들면 될 것 같습니다.)

```
>> for i=1 : length(y)
> if (mod(i, 3) ~= 0)
>y2=[y2 y(i)] ;
> endif
> endfor
```

그다음에는 장3도, 말씀하신 대로 반음 4개를 올린 소리로 만들어야 하는데요.
이 역시 힌트로 주신 수식으로 보면=1.2599배의 주파수, 약 1.25배의 주파수
가 되고 속도를 5/4배 빠르게 만들면 될 것입니다.
(즉, 샘플 5개 중에 4개씩만 뽑아내면 되겠지요.)

```
>> for i=1 : length(y)
> if (mod(i, 5) ~= 0)
>y2=[y2 y(i)] ;
> endif
> endfor
```

이 수식들을 토대로 녹음한 목소리의 음정을 변화시켜보겠습니다.

```
>> [y, fs, bits]=wavread('voice.wav') ;    % 녹음한 파일을 Octave로 불러옵니다.
>> y2=y(1 : 2 : end) ;
>> sound(y, fs) ;
>> sound(y2, fs) ;                          % 녹음한 파일과 한 옥타브 높힌 파일을 비교
                                            합니다.

>> y3=[ ] ;
```

```
>> for a = 1 : length(y)              % a의 변수에 1부터 y(녹음한 파일)의 개수를
                                        저장합니다.
> if(mod(a, 3)  ~ = 0)
> y3 = [y3  y(a)] ;
> endif
> endfor
>> sound(y3, fs) ;                      % 녹음한 파일을 확인합니다.

>> y4 = [ ] ;
>> for b = 1 : length(y)              % b의 변수에 1부터 y(녹음한 파일)의 개수를
                                        저장합니다.
> if(mod(b, 5)  ~ = 0)
> y4 = [y4  y(b)] ;
> endif
> endfor
>> sound(y4, fs) ;                      % 녹음한 파일을 확인합니다.

>> subplot(2, 2, 1)
>> plot(y)
>> axis([6000,  7000,  -1,  1])
>> subplot(2, 2, 2)
>> plot(y2, 'r')
>> axis([6000,  7000,  -1,  1])
>> subplot(2, 2, 3)
>> plot(y3, 'm')
>> axis([6000,  7000,  -1,  1])
>> subplot(2, 2, 4)
>> plot(y4, 'g')
>> axis([6000,  7000,  -1,  1])
```

위의 명령대로 만든 그래프는 그림 3-21과 같습니다. 제가 녹음한 파일을 들려드릴 수는 없으니 대신에 파형의 주기가 같은 샘플 구간 동안 몇 번 반복하는

지로 음정의 변화를 확인해보겠습니다.

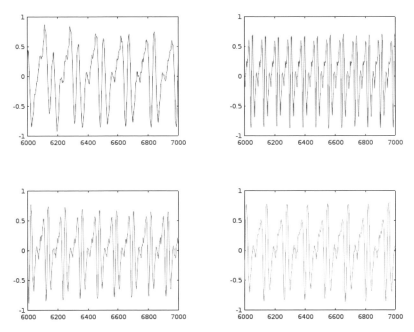

그림 3-21 녹음한 파형의 일부 구간을 잘라낸 그래프. 각각의 그래프는 원본(왼쪽 위), 한 옥타브 위의 음정(오른쪽 위), 완전5도 위의 음정(왼쪽 아래), 장3도 위의 음정(오른쪽 아래)을 의미한다.

원본 파일은 같은 주기가 대략 6번 반복합니다. (그림 3-21의 왼쪽 위)

한 옥타브 위의 파일은 파형이 2배 빨라지는 음정이 되니깐 같은 구간 동안 2배 더 많은 12개의 반복이 생깁니다. (그림 3-21의 오른쪽 위)

완전5도 위의 파일은 파형이 1.5배 빨라지는 음정이 되니깐 같은 구간 동안 1.5배 하면 6 * 1.5가 되니, 대략 9개의 반복이 생깁니다. (그림 3-21의 왼쪽 아래)

장3도 위의 파일은 파형이 1.25배 빨라지는 음정이 되니 같은 구간 동안 1.25배 하면 6 * 1.25가 되니, 대략 7.5개의 반복이 생깁니다. (그림 3-21의 오른

쪽 아래)

샘플이 당겨지기 때문에 같은 구간 동안 한 주기의 모양이 맞지는 않지만, 반복되는 주기의 횟수는 그래프와 계산이 맞으니 잘 만들어진 것 같습니다.

여섯 번째 과제는 44100Hz의 샘플링레이트로 만들어진 440Hz의 사인파를 330Hz로 음정을 낮추는 것인데요.
330Hz는 말씀하신 대로 속도가 2배가 아니라 3/4배가 됩니다. 즉 첫 번째, 두 번째, 세 번째 값은 그대로 가져오고 네 번째 값과 그 배에 해당하는 값들 (네 번째, 여덟 번째, 열두 번째…)은 앞뒤의 값의 평균을 가져옵니다. 말씀해 주신 알고리듬과 힌트를 이용해서 다음과 같이 정리해보겠습니다.

```
>> t=0 : 1/44100 : 1 ;
>> y=sin(2 * pi * t * 440) ;
>> for i=1 : ( (3/4) * length(y) - 1 )
>   if (mod(i, 4) ~= 0)
>      y2(i)=y( i - floor(i/4) ) ;              % 1
>   else
>      y2(i)=( y(i - i/4) + y(i - i/4 + 1) ) / 2 ; % 2
>   endif
> endfor
>> plot( y(1 : 400), 'b.' ) ;
>> hold
>> plot( y2(1 : 400), 'r' ) ;
```

다른 건 모두 교수님께서 설명해주신 코드를 사용했지만, %1과 %2는 제가 조금 다르게 만들어보았습니다.
먼저 %1에 작성된 floor는 처음 나오는 것 같은데요. 이 명령은 값이 소수일 경우 소수점 아래를 생략하고 가장 큰 정수로 변환해줍니다. 이 명령은 다음과 같이 동작합니다.

```
>> y=0 : 2 : 20 ;
>> y2=zeros(1, floor( (3/2) * length(y) - 1) ) ;
>> for i=1 : ( (3/2) * length(y) - 1 )
if(mod(i, 3) ~= 0)
y2(i)=y( i - floor(i/3) ) ;
endif
endfor
>> y
y=
   0   2   4   6   8   10   12   14   16   18   20
>> y2
y2=
   0   2   0   4   6   0   8   10   0   12   14   0   16   18   0
```

첫 번째 y의 함수 안에 포함된 값들을 두 개씩 짝지어 y2에 입력하고 세 번째 값들의 배수 값이 될 때는 0이 되도록 만들어줍니다. 이렇게 되면 세 번째 값들의 배수 값이 빈 공간이 되는데요. 이 부분을 %2로 채워줍니다. 즉, 위의 코드에서 2와 4(원래 함수에서 두 번째와 세 번째 값)의 평균값을 0의 자리에 넣어주게 됩니다.

이제 다시 원래의 파형을 만드는 명령(제일 위의 코드들)으로 돌아와서, 이 명령들로 만들어진 330Hz를 원래의 440Hz와 비교해보겠습니다. 그림 3-22 가 두 파형을 비교한 그래프입니다.

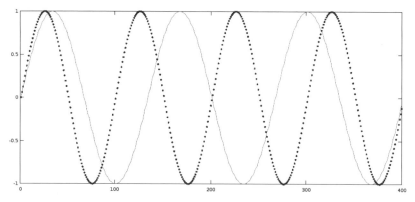

그림 3-22 440Hz의 사인파와 만들어진 330Hz의 사인파를 비교한 그래프

또한 두 번째 방법으로는 앞서 사용한 코드를 이용해 220Hz를 만든 뒤 그걸 다시 330Hz로 올리는 방법입니다. 먼저 앞서 사용한 코드를 이용해 220Hz를 만들고, 220Hz에서 1.5배 하면 330Hz가 나올 텐데요. 다음과 같이 코드를 섞어보았습니다.

```
>> t=0 : 1/44100 : 1 ;
>> y=sin(2 * pi * 440 * t) ;
>> y2=zeros(1, 2 * length(y) - 1) ;
>> for i=1 : (2 * length(y) - 1)
> if (mod(i, 2) == 1)
>     y2(i)=y( (i - 1) / 2 + 1 ) ;
> else
>     y2(i)=( y(i / 2) + y(i / 2 + 1) ) / 2 ;
> endif
> endfor

% 여기까진 220Hz를 만드는 코드입니다.
```

```
>> y3 = [ ] ;
>> for i = 1 : length(y2)
> if (mod(i, 3) ~= 0)
>    y3 = [y3 y2(i)] ;
> endif
> endfor

% 여기까진 220Hz를 1.5배 해서 330Hz를 만드는 코드입니다.

>> subplot(1, 2, 1)
>> plot(y)
>> axis([0, 300, -1, 1])
>> subplot(1, 2, 2)
>> plot(y3, 'm')
>> axis([0, 300, -1, 1])
```

이렇게 해서 만들어진 그래프는 그림 3-23과 같습니다. 위쪽의 그래프와 구분을 하기 위해 hold가 아닌 subplot으로 그래프를 그려보았습니다.

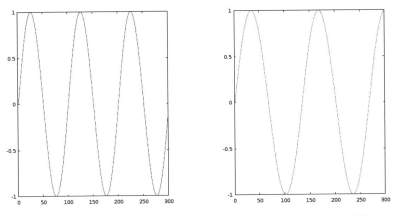

그림 3-23 원본 그래프(왼쪽)와 220Hz로 바꾼 뒤 1.5배 한 그래프(오른쪽)

어느 정도 330Hz에 비슷한 그래프가 그려졌습니다. 440Hz에서 330Hz로 바꾸는 명령에 비해서 정확도는 약간 떨어지는 편인 것 같은데요. 지금이야 편하게 사용하지만, 나중에 실제로 음정을 바꾸는 명령을 만들 때는 조금 불편하게 사용될 것 같긴 합니다.

일곱 번째 과제는 녹음한 목소리를 한 옥타브 낮추는 건데요. 교수님께서 설명해주신 알고리듬 그대로 제 목소리에 적용해보도록 하겠습니다.

```
>> [y, fs, bits]=wavread('voice.wav') ;        % 녹음한 파일을 Octave로 불러옵니다.
>> y2=zeros(1, 2 * length(y) - 1) ;
>> for i=1 : (2 * length(y) - 1)
>  if (mod(i, 2) == 1)
>    y2(i)=y( (i - 1) / 2 + 1 ) ;
>  else
>    y2(i)=( y(i / 2) + y(i / 2 + 1) ) / 2 ;
>  endif
>  endfor
```

코드를 적용해서 비교해본 그림은 다음과 같습니다. 비교를 위해 일정 범위의 샘플을 지정해서 살펴보았습니다.

```
>> subplot(1, 2, 1)
>> plot(y)
>> axis([6000, 7000, -1, 1])
>> subplot(1, 2, 2)
>> plot(y2, 'r')
>> axis([12000, 13000, -1, 1])
```

두 번째 그래프의 경우 두 배로 늘어지기 때문에 창의 가로 범위의 시작과 끝부분을 2배로 늘려 확인해보았습니다. 그려진 그래프는 그림 3-24와 같습니다.

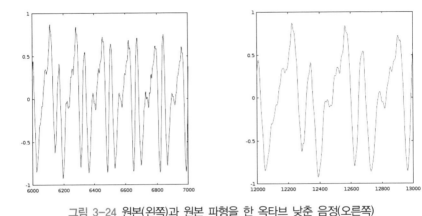

그림 3-24 원본(왼쪽)과 원본 파형을 한 옥타브 낮춘 음정(오른쪽)

동일한 1000샘플 동안 원본은 약 6개의 주기를 가지고 있지만, 한 옥타브 낮춘 음정은 약 3개의 주기를 가지고 있습니다. 교수님께서 보내주셨던 대로, 같은 시간 동안 2배 느린(1/2의 주파수를 갖는) 파형이 만들어졌습니다.

보통 음악에서나 사운드 작업 때 많이 쓰게 되는 'Pitch Shifter'를 구현해보니 신기하기도 하고, 플러그인들이 가지고 있는 파라미터 값들이 어떤 의미를 가졌는지도 조금 더 자세히 알 수 있었습니다. 또한 주파수와 음정과의 관계도 알 수 있었고요.
(아마 어떤 주파수가 건반 위에서 몇 번째 음이 되는지도 배웠던 것의 반대로 해보면 나올 수 있겠지요.)

점점 Octave를 익혀나가는 과정이 새롭고 재밌어집니다. 또한 편하게 사용하고 있던 플러그인들이 숨기고 있는 비밀들을 하나씩 풀어나가는 느낌도 많이 들고요. 다음엔 어떤 걸 배우게 될지 기대됩니다.

3-4. 딜레이를 이용한 에코효과와 컨볼루션(Convolution)

From : octavejwchae@gmail.com
To : octavehhjung@gmail.com
Subject : 딜레이를 이용한 에코효과와 컨볼루션(Convolution)

메일은 잘 받았답니다.

먼저 440 → 220 → 330으로 했을 때 결과가 조금 다르게 나오는 이유는 440 → 220으로 하면서 보간법(Interpolation)으로 채워진 원래 데이터 크기만큼의 오류가 생긴 거죠. 그리고 그것을 330으로 변환하면서 데이터를 버리게 되면서 원래의 데이터도 일부 버리게 되다 보니 오류 데이터는 더 늘어나게 된답니다.

반면 440 → 330으로 한 번에 변환하게 되면 4개 중에 1개꼴로 데이터를 만들어내다 보니 오류는 앞선 것보다 훨씬 줄어들게 되죠.

그래서 DSP에서 연산량을 줄이는 것은 단순히 속도의 문제뿐만 아니라 오차를 줄이는 측면에서도 중요한 거랍니다.

이제 소리의 3요소 중에서 소리의 밝기(음색)를 변화시키는 방법에 대해서만 남았네요.
음색을 변화시킬 때는 필터라는 것을 사용하게 되는데요. 필터를 구현할 때는 신호의 덧셈, 곱셈, 딜레이가 모두 사용이 됩니다. 우리는 아직 딜레이에 대한 공부를 하지 않았으므로 이번 시간에는 딜레이에 대해서 공부하고 다음 시간부터 음색을 변화시키는 방법에 대해서 다루고자 합니다.

딜레이란 시간을 지연시키는 것을 의미합니다.

178

이펙트 중에서 딜레이(Delay)를 사용하면 마이크에 소리를 입력했을 때, 일정한 시간이 지난 후 마이크에 입력한 소리가 다시 나는 것을 확인할 수 있을 것입니다. (엄밀하게 말하면 원래의 신호를 내보내고 일정한 시간이 지난 후에 또 내보내는 것이죠.)

딜레이의 종류는 Feed Forward Delay와 Feed Back Delay가 있으며 그림 3-25와 같이 나타낼 수 있습니다.

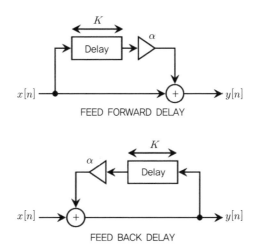

그림 3-25 Feed Forward Delay의 블록도(위)와 Feed Back Delay의 블록도(아래)

여기서 x[n]은 입력신호, y[n]은 출력신호를 의미하며, a는 증폭되는 볼륨의 크기, K는 딜레이되는 샘플의 개수(즉, 딜레이 타임)를 의미합니다. 각각의 Delay의 의미를 살펴보자면 이렇습니다.

• Feed Forward Delay : 입력신호가 일정 시간 지연된 후 일정한 값을 곱하여 원래의 입력신호에 더해지는 것

• Feed Back Delay : 출력신호가 일정 시간 지연된 후, 일정한 값을 곱하여 원래의 입력신호에 더해지는 것

신호가 되돌아오는 피드백(Feedback) 형태의 딜레이는 조금 복잡하므로 이번 시간에는 다루지 않을 것입니다.

그럼 일단 간단한 에코를 구현해보도록 하겠습니다.
에코의 구현은 그림 3-26과 같이 원래의 신호와 원래의 신호를 1초 지연시킨 신호에 0.5를 곱한 신호를 더하여 구현하겠습니다.

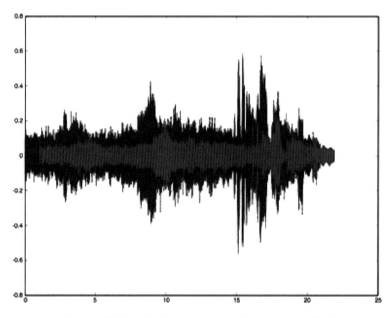

그림 3-26 원래의 신호와 1초 딜레이된 신호에 0.5를 곱한 신호

저 두 개의 신호를 더하면 에코의 효과를 만들어내게 됩니다.

```
>> [y, fs]=wavread('delay.wav') ;    % 웨이브 파일을 불러옵니다.
>> y=y' ;                            % 1
>> length(y) / fs
ans=20.864 ;                         % 20초가 조금 넘는 웨이브 파일이었네요.
>> delay=y * 0.5 ;
>> a=zeros(1, 44100) ;               % 0 으로 채워진 44100개의 데이터(1초 분량)를 만
                                       들어 a라는 저장 공간에 저장합니다.
>> y=[ y a ] ;                       % y의 끝부분에 1초 분량의 묵음 구간을 추가합니다.
>> delay=[ a delay ] ;               % delay의 시작 부분에 1초 분량의 묵음 구간을 추
                                       가하여 1초간의 딜레이를 구현합니다.
>> delay=y + delay ;                 % 원래의 신호(y)와 지연된 신호(delay)를 더하여 최
                                       종 출력신호를 만듭니다.
>> sound(delay, fs)                  % 구현된 delay의 사운드를 확인해봅니다.
```

% 1 : 뭔가 새로운 것이 등장했네요.

wavread 명령을 통해서 웨이브 파일을 불러오면 저장 공간에는 1열로 된 데
이터로 저장됩니다.

```
>> y(100 : 110)
ans =

   6.1035e-05
   6.1035e-05
   6.1035e-05
   6.1035e-05
   6.1035e-05
```

```
9.1553e-05
9.1553e-05
9.1553e-05
9.1553e-05
9.1553e-05
9.1553e-05
```

이렇게 말이죠.

그런데 오디오 데이터가 열 방향으로 정렬되는 것보다는 행으로 정렬되는 것이 좋아서 열로 정렬된 데이터를 행으로 정렬시키는 연산을 한 것이랍니다. (이 이유를 과제를 수행하면서 알게 될지도 모르겠네요.)

이제 y = y'이라는 연산을 수행하고 난 후 y의 100~110번째 데이터를 확인해 보면

```
>> y(100 : 110)
ans =

    6.1035e-05   6.1035e-05   6.1035e-05   6.1035e-05   6.1035e-05   9.1553e-05   9.1553e-05
    9.1553e-05   9.1553e-05   9.1553e-05   9.1553e-05
```

위와 같이 한 줄로 정렬이 되어 있는 것을 확인할 수 있습니다.

위의 실험은 아주 간단해 보이지만 DSP에서는 아주 중요한 의미가 있습니다.

위의 실험에서 시간에 대해서 곱해지는 값을 표시하면 그림 3-27과 같습니다.

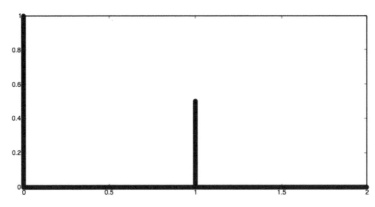

그림 3-27 원래의 신호와 1초 딜레이된 신호의 음량의 크기를 비교한 그래프

0초, 즉 지연이 없이 원래의 신호가 원래의 크기로 출력되고 1초 후에 원래의 신호가 0.5배 되어 출력된다는 의미입니다.

그렇다면 시간의 흐름에 따라서 저 현상을 지켜보겠습니다.

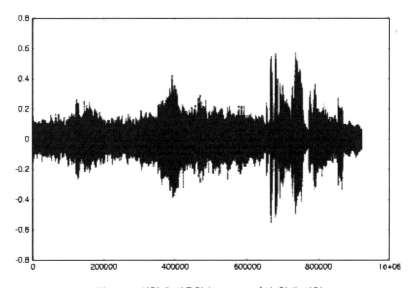

그림 3-28 실험에 사용한 'delay.wav'의 원래 파형

그림 3-28은 우리가 실험에 사용할 오디오 파형의 그래프입니다. 그런데 만약 그림 3-29와 같이 사람이 서 있다면 사람의 귀에 들리는 파형은 그림 3-28이 반대로 된 것처럼 들릴 것입니다.

그림 3-29 사람의 귀에 소리가 진행되는 모양

그리고 사람이 원래 신호의 크기를 그대로 듣고 1초 후에 0.5를 곱한 소리를 듣는 것을 그림으로 나타내면 그림 3-30과 같습니다.

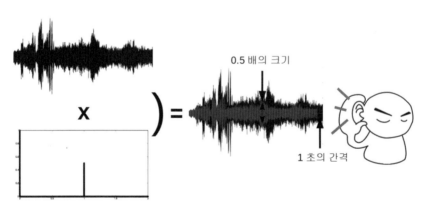

그림 3-30 원래 신호의 크기에 1초 후 0.5배를 곱한 소리가 진행되는 방향

그리고 사람이 들은 소리를 시간에 따라 배치하면 그림 3-31과 같이 될 것입니다.

그림 3-31 시간 축에 따라서 배치한 원래 신호와 1초 후 0.5배를 곱한 파형의 그래프

이와 같은 연산을 컨볼루션(Convolution)이라고 합니다.

그렇다면 위와 같은 파형이 아니라 우리가 앞서 공부했던 임펄스가 입력된다면 결과는 어떻게 나올까요?
시간에 따라 곱해지는 값(이것을 우리는 시스템이라고 합니다. 입력을 변화시켜 새로운 출력을 만드는 것)이 그대로 출력이 됩니다.
즉, 입력신호로 임펄스를 집어넣으면 출력은 시스템의 특성을 그대로 내보내게 됩니다.
그래서 임펄스를 입력했을 때 나오는 출력을 임펄스 응답(임펄스 리스펀스, Impulse Response)이라고 하고 임펄스 응답은 곧 시스템의 특성을 의미합니다.

참고로 위의 시스템을 수식으로 표현하면 다음과 같습니다.

$$y[n] = 1 \times x[n] + 0.5 \times x[n-44100]$$

$y[n]$ = output, $x[n]$ = input, $x[n-44100]$ = 입력신호를 44100개의 샘플 (1초)만큼 지연시킨 신호

음악이나 사운드 작업을 할 때 사용했던 IR Reverb나 Convolution Reverb를 기억하나요? IR Reverb 또는 Convolution Reverb는 어떤 공간에서 임펄스를 내보내 그 임펄스에 대한 응답(Impulse Response, IR)을 녹음한 후, 어떤 사운드 파일에 이렇게 녹음된 IR(임펄스 응답)을 컨볼루션(Convolution)하여 마치 그 사운드가 그 공간에서 연주가 된 것과 같은 효과를 만들어내는 것입니다. 그래서 IR Reverb와 Convolution Reverb를 같은 의미로 사용하고 있답니다.

그렇다면 y[n] = x[n]인 시스템의 임펄스 응답은 어떻게 되나요?
임펄스 응답은 임펄스와 같습니다. 즉, 시스템은 임펄스의 특성이 포함되어 있다고 할 수 있습니다. 그런데 앞서 공부했던 임펄스의 특징을 혹시 기억하나요? 임펄스는 푸리에 변환을 했을 때 모든 주파수 성분의 크기가 같았습니다. (임펄스의 크기가 1인 경우, FFT를 실행해보면 모든 주파수 성분이 1의 크기를 가지고 있었습니다.)
다음의 명령과 그림 3-32는 크기가 1인 임펄스를 만드는 명령과 확인을 위한 FFT입니다. 잊지 않았죠?

```
>> y = zeros(1, 44100) ;
>> y(1) = 1 ;
>> y_fft = abs( fft(y) ) ;
>> y_fft = y_fft(1 : 44100/2) ;
>> f = 44100 * (0 : 44100/2 - 1) / 44100 ;
>> plot(f, y_fft)
```

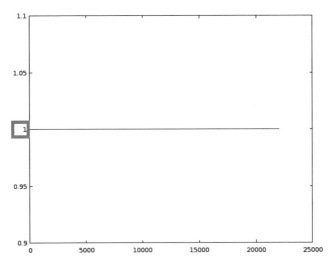

그림 3-32 크기가 1인 임펄스의 FFT. 모든 주파수 성분이 1의 크기를 가지고 있다.

이것은 크기가 1인 임펄스에 해당하는 시스템이 입력신호의 모든 주파수에 대하여 1을 곱한 것과 같다는 것을 의미합니다. (변화가 없다는 것이죠.)

그럼 y[n]=0.5 * x[n]인 시스템의 임펄스 응답은 어떻게 되나요?
크기가 0.5인 임펄스가 될 것입니다. 그럼 이번에는 크기가 0.5인 임펄스에 대한 FFT를 확인해보겠습니다.
위의 1인 임펄스를 만드는 명령에서

〉〉 y(1)=0.5 ;로 바꾸어서 명령을 다시 만들어주거나,
〉〉 y_fft=0.5 * y_fft(1:44100/2) ;로 전체 fft 파형에 0.5를 곱해주면 됩니다.
결과는 그림 3-33과 같습니다.

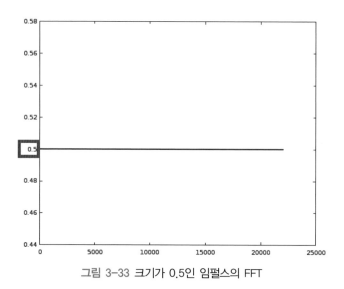
그림 3-33 크기가 0.5인 임펄스의 FFT

이것은 크기가 0.5인 임펄스에 해당하는 시스템이 입력신호의 모든 주파수에 대하여 0.5를 곱한 것과 같다는 것을 의미합니다. 다시 말해서 전체 음량이 0.5배 되었다는 것을 의미하는 것이죠.

눈치챘는지 모르겠지만 컨볼루션은 주파수의 입장에서는 각 주파수를 곱한 것과 같습니다.
다시 말해서 a라는 신호와 b라는 신호를 컨볼루션하는 것은 a라는 신호를 FFT한 신호와 b라는 신호를 FFT한 신호를 곱한 것과 같은 것이죠.
이렇게 해서 임펄스 응답과 시스템의 구성, 그리고 그 시스템이 주파수에 대해서 어떤 특성을 나타내는지에 대하여 알아보았습니다.

1. 웨이브 파일을 하나 불러온 후, 1.2초 후에 0.6배의 소리로 딜레이되는 효과를 구현해 보세요.

다음 시간부터는 드디어 소리의 밝기(음색)를 변화시키는 방법(필터)에 대하여 알아보도록 하겠습니다.

채진욱

From : octavehhjung@gmail.com
To : octavejwchae@gmail.com
Subject : 딜레이를 이용한 에코효과와 컨볼루션(Convolution)_과제 확인

교수님. 딜레이와 컨볼루션에 대한 메일은 잘 받았습니다.
아직은 필터라 하면 곱셈, 덧셈, 딜레이를 사용해서 만드는 것보다는 로우패스, 하이패스가 더 익숙한 이름인 것 같습니다. 그래도 차차 '곱셈과 덧셈, 딜레이로 필터를 만들 수 있다'라는 DSP적인 생각으로 바뀌어나가겠지요.

보내주신 Feed Forward Delay와 Feed Back Delay의 알 수 없는 기호들은 아직은 제 내공이 부족하여 정확하게 어떤 의미인지는 이해하기가 쉽지는 않았습니다. 그러나 그림을 계속 보고 교수님께서 해주신 설명을 토대로 제멋대로 생각해보자면 이런 것 같습니다.

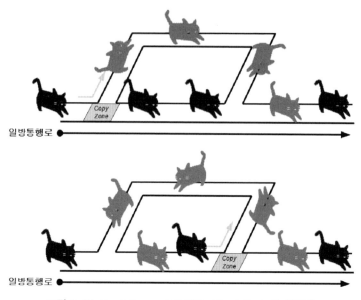

그림 3-34 Feed Forward Cat(위), Feed Back Cat(아래)

딜레이 대신에 그림 3-34의 길을 걷는 고양이들로 예를 들어보겠습니다.

꼬리가 뒤로 꺾여진 고양이가 일방통행로로 가고 있습니다. 뒤나 옆으로는 못 가게 되어 있는 길인데요. 이 고양이가 바닥의 Copy Zone 발판을 밟으면 똑같은 걸음걸이와 몸무게를 가졌으나, 꼬리가 앞으로 꺾여진 고양이가 한 마리 만들어지게 됩니다. 그리고 이때 복사하는 데 걸리는 시간은 약 1초 정도 걸립니다.

즉, 꼬리가 뒤로 꺾여진 고양이보다 꼬리가 앞으로 꺾여진 고양이가 1초 정도 늦게 길을 걸어가게 됩니다. 또한 이 고양이는 Copy Zone의 화살표 방향을 따라서 길을 가야 합니다. (길이는 길어 보이지만 노란색 화살표로 되어 있는 길은 실제 일방통행로와는 같은 거리입니다. 입체적으로 보이게끔 그림을 그리려고 노력했습니다만…. 그렇게 보이나요?)

이때 Feed Forward의 경우 원래 가던 길의 방향과 똑같이 가는 대신 길의 가장 끝지점(그림의 오른쪽)에는 꼬리가 뒤로 꺾여진 고양이보다 꼬리가 앞으로 꺾여진 고양이가 1초 늦게 도착하게 됩니다. 또한 꼬리가 뒤로 꺾여진 고양이가 Copy Zone을 지나간 만큼 꼬리가 앞으로 꺾여진 고양이가 복사돼서 길을 걷게 될 것입니다.

Feed Back의 경우 왔던 길의 옆쪽으로 한 바퀴 다시 돌아, 일방통행로를 한 번 더 거쳐서 꼬리가 뒤로 꺾여진 고양이의 뒤를 1초 늦게 따르게 됩니다. 이때는 꼬리가 뒤로 꺾여진 고양이뿐 아니라 꼬리가 앞으로 꺾여진 고양이까지 Copy Zone을 밟게 되어 복사되는 고양이의 수도 점점 더 늘게 되겠지요. 꼬리가 뒤로 꺾여진 고양이를 원래 신호, 앞으로 꺾여진 고양이를 피드백되는 신호, 복사하는 데 걸리는 시간을 딜레이 타임이라고 생각하면 조금 쉽게 이해가 될 것 같습니다.
(제가 고양이를 좋아해서 그런 걸 수도 있겠네요. 때에 따라서는 고양이가 아니라 강아지나 햄스터로 생각해도 될 것 같습니다.)

그리고 보내주신 메일에서 컨볼루션(Convolution) 에 대해 제가 이해한 것은 '어떤 시스템(딜레이나 리버브, 디스토션 등등의 시스템)이 가지고 있는 특성을 임펄스를 이용해 구한 뒤, 입력되는 신호에 이 시스템의 특성을 적용한 것'이라고 이해했습니다. 그래서 어떤 시스템의 더욱 정확한 특성을 잡아내기 위해 매우 짧은 신호인 임펄스를 이용해 구하는 것이겠지요. (짧은 임펄스가 아닌 배음이 많은 소리나 굉장히 긴 소리를 사용하면 공간적 특성이 원래 소리에다 가려지겠지요.)
제가 자주 보게 되는 IR Reverb, Convolution Reverb의 의미를 이제야 정

확히 알게 된 것 같습니다.

이제 과제로 주셨던 1.2초 후에 0.6배 소리로 딜레이되는 오디오 파형을 만들어보겠습니다.

```
>> [y, fs]=wavread('delay_test#1.wav') ;    % 웨이브 파일을 불러옵니다.
>> y=y' ;
>> length(y) / fs
ans=7.0520 ;                                % 대략 7초 동안의 웨이브 파일입니다.
>> delay=y * 0.6 ;
>> a=zeros(1, fs * 1.2) ;
>> y=[ y a ] ;
>> delay=[ a delay ] ;
>> length(y) / fs
ans=8.2520                                  % 1.2초를 더해진 y의 길이입니다. 예상했던
                                              대로 대략 8.2초가 나오네요.
>> t=1 : length(y) ;
>> t=( t / length(y) ) * ans ;             % x축을 샘플 단위가 아닌 초단위로 확인하
                                              기 위해 만들어주었습니다.
>> hold
>> plot(t, y) ;
>> plot(t, delay, 'g') ;
>> axis([0, 3, -1, 1])                      % 소리의 확인 전 그래프로 그려보았습니다.
                                              axis 명령으로 약 3초 동안만을 보겠습니다.
>> sound(y + delay, fs)                     % 소리의 확인을 위해 변수를 따로 두지 않
                                              고, sound 함수 안에서 한 번에 묶었습니다.
```

이렇게 해서 그려진 그래프는 그림 3-35와 같습니다.

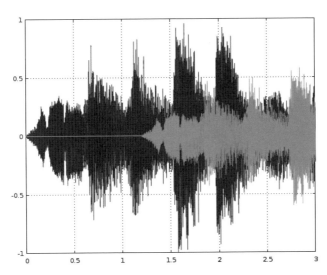

그림 3-35 원래 오디오 파형(진한 색)과 1.2초 지연시킨 0.6배의 오디오 파형(연한 색)

역시 교수님께서 만들어주셨던 대로 명령을 사용하니 잘 만들어졌습니다.
또한 중간 테스트할 때 y = y'를 깜박하고 넣지 않았는데, 이 부분이 없으니
y = [y a]가 계산이 되지 않더라고요. 오류 메시지에는 '가로 행이 맞지 않는다'
라고 나오는 걸 보니 y를 가로 방향으로 다시 만드신 이유가 a를 넣어서 변수
를 다시 정의하시기 위함임을 알았습니다.
(물론 저 역시도 세로보다는 가로로 나열되어 있는 게 보기 편하더라고요.)

역시 내용이 진행될수록 처음보다 더 많이 보고 더 오래 생각해야 제대로 이해
가 되는 것 같습니다. 아마 이것도 나중에 시간이 지나서 다시 보게 되면 좀
더 쉽게 이해가 되겠지요. 조금이라도 빨리 그런 날이 오기를 바랍니다.

이제 실제로 필터의 구현이 들어가겠군요. 아마도 교수님께서 복잡한 내용을
잔뜩 메일로 보내주시면 저는 한국에서 머리 싸매고 열심히 이해하려고 노력

하고 있을 것 같습니다.

그럼 좋은 하루 보내시고요. 다음번 메일 역시 기대됩니다.

3-5. 곱셈과 딜레이를 이용한 음색의 변화

From : octavejwchae@gmail.com
To : octavehhjung@gmail.com
Subject : 곱셈과 딜레이를 이용한 음색의 변화

드디어 소리의 3요소 중 마지막 요소인 음색, 즉 소리의 밝기를 변화시키는 것을 공부할 시간이 되었네요.

소리의 밝기를 변화시키는 것은 입력신호에 포함된 주파수의 성분을 변화시키는 방법으로 구현하게 됩니다. 예를 들어 하나의 사운드 파일에서 낮은 대역의 주파수 성분만 남기고 높은 주파수 대역을 잘라버린다면 그 소리는 어둡게 변할 것입니다. 반대로 높은 대역의 주파수 성분만 남기고 낮은 주파수 대역을 잘라버리면 소리는 밝게 변하겠죠. 이렇게 입력된 신호에 포함된 주파수 성분의 크기를 조정하여 소리의 밝기를 변화시키게 되며 이처럼 소리의 밝기를 변화시키는 시스템을 사운드 엔지니어링에서는 필터라고 합니다.

필터는 주파수를 통과시키는 특성에 따라서 다음과 같이 분류할 수 있습니다.

:: 패스필터(Pass Filter)

- LPF(Low Pass Filter, 로우 패스 필터) : 낮은 주파수 대역만 통과시키는 필터로 소리를 어둡게 만듭니다.
- HPF(High Pass Filter, 하이 패스 필터) : 높은 주파수 대역만 통과시키는 필터로 소리를 밝게 만듭니다.
- BPF(Band Pass Filter, 밴드 패스 필터) : 특정한 주파수만 통과시키는 필터로 소리가 좁아지는 느낌이 듭니다. (전화 통화음 같은 효과를 만들어낼 수도 있겠네요.)

- Band Reject Filter(밴드 리젝트 필터) : Notch Filter, Band Stop Filter 등으로도 불리며 특정한 주파수 성분만 제거하는 필터입니다. 특정 주파수 성분의 노이즈를 제거하는 용도로 사용이 가능합니다.

:: 셸빙필터(Shelving Filter)

- Low Shelving Filter(로우 셸빙 필터) : 낮은 주파수 대역의 성분을 강조하거나 줄이는 필터입니다. 만약 낮은 주파수 대역의 성분을 줄이게 되면 HPF와 비슷한 효과를 얻을 수 있습니다.
- High Shelving Filter(하이 셸빙 필터) : 높은 주파수 대역의 성분을 강조하거나 줄이는 필터입니다. 만약 높은 주파수 대역의 성분을 줄이게 되면 LPF와 비슷한 효과를 얻을 수 있습니다.
- Peak Filter(피크 필터) : 특정한 주파수 성분을 강조하거나 줄이는 필터입니다. 만약 특정 주파수 성분을 줄이게 되면 Band Reject Filter와 같은 효과를 얻을 수 있습니다.
- 이퀄라이저(Equalizer) : 셸빙 필터와 피크 필터를 여러 개 조합하여 원하는 주파수 성분을 강조하거나 줄이는 역할을 하는 이퀄라이저를 구현할 수 있습니다.

그럼 필터는 어떻게 구현할 수 있을까요? 필터를 구현하는 방법은 크게 다음과 같이 분류를 할 수 있습니다.

:: FIR(Finite Impulse Response, 유한 임펄스 응답)

지난 시간에 딜레이에 대해서 공부하면서 피드 포워드 딜레이(Feed Forward Delay)와 피드백 딜레이(Feed Back Delay)에 대해서 이야기를 했었는데요. 피드 포워드 딜레이는 입력신호가 일정 시간 지연된 후, 일정한 값을 곱하여 원래의 입력신호에 더해지는 것이라고 했습니다. 이와 같은 시스템에 임펄스를 입력하면 그 응답은 유한한 임펄스 응답을 갖게 됩니다. 다시 말해서 FIR Filter는 피드 포워드 딜레이를 이용하여 만든 필터가 되겠습니다.

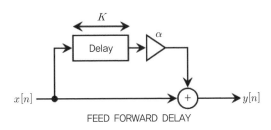

그림 3-36 Feed Forward Delay의 블록도

:: IIR(Infinite Impulse Response, 무한 임펄스 응답)

이번에는 피드백 딜레이(Feed Back Delay)에 대해서 살펴봅시다. 피드백 딜레이는 출력신호가 일정 시간 지연된 후 일정한 값을 곱하여 원래의 입력신호에 더해지는 것입니다. 이와 같은 시스템에 임펄스를 입력하면 그 응답은 무한한 임펄스 응답을 갖게 됩니다. 다시 말해서 IIR Filter는 피드백 딜레이를 이용하여 만든 필터가 되겠습니다.

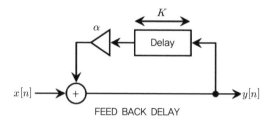

그림 3-37 Feed Back Delay의 블록도

:: FFT(Fast Fourier Transform)

지난 시간에 컨볼루션은 주파수의 입장에서는 각 주파수들을 곱한 것과 같으며 a라는 신호와 b라는 신호를 컨볼루션하는 것은 a라는 신호를 FFT한 신호와 b라는 신호를 FFT한 신호를 곱한 것과 같다는 이야기를 했습니다.

그렇다면 어떤 시스템을 FFT하고 입력신호를 FFT한 후에 FFT로 만들어진 두 개의 신호를 곱하면 필터가 구현되지 않을까요? 단, 이 경우 FFT를 통과시킨 두 개의 신호를 곱한 값은 주파수에 대한 신호이니 시간에 대한 신호로 변환해줄 필요가 있습니다. 이것을 푸리에 역변환(Inverse FFT)이라고 합니다.

지난 시간에 실습했던 0.5의 크기를 가진 임펄스 리스펀스에 대하여 FFT 방식으로 필터를 구현하자면 다음과 같습니다.

```
>> fs=44100 ;
>> t=0 : 1/fs : 1 ;
>> y=sin(2 * pi * 20 * t) ;    % 샘플링레이트 44100Hz, 20Hz의 주파수를 갖는 1초짜
                                 리 사인파를 만듭니다. (입력신호)
>> i=zeros(1, length(t)) ;
>> i(1)=0.5 ;                  % 크기가 0.5인 임펄스를 만듭니다. (시스템)
```

```
>> i_fft = fft(i) ;               % 시스템을 FFT합니다.
>> y_fft = fft(y) ;               % 입력신호를 FFT합니다.
>> y_fft = i_fft .* y_fft ;       % FFT를 거친 두 개의 신호를 곱합니다.
>> y2 = real(ifft(y_fft)) ;       % 곱해진 신호에 대하여 역변환(Inverse FFT)을 합니다.
```

* FFT를 시행하면 허수(Imaginary Number)라고 하는 조금 독특한 수들이 만들어지는데 우리가 사용할 수는 실수이므로 역변환을 거친 데이터의 실수(real) 데이터만을 취하는 연산을 합니다.

```
>> plot(t, y, t, y2, 'g')         % 입력신호와 필터를 통과시킨 신호를 비교해봅니다.
```

이런 명령으로 만들어지는 그래프는 그림 3-38과 같습니다.

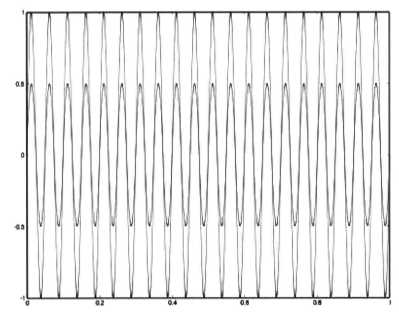

그림 3-38 20Hz의 사인파(큰 파형)와 0.5의 크기를 가진 임펄스 리스펀스 FFT를 곱한 후 역변환하여 얻은 신호(작은 파형)

그림 3-38을 보면 기존의 방식으로 만들어진 데이터와 FFT를 이용하여 만들어진 데이터가 같은 것을 알 수 있습니다. (지난번 '3-4. 딜레이를 이용한 에코효과와 컨볼루션(Convolution)'에서 0.5배의 크기로 만든 것과 비교해보면 알 수 있을 겁니다.)

그럼 이제부터 필터를 구현하는 방법에 관한 이야기를 시작하겠습니다.
필터는 과연 어떻게 구현을 할까요?
먼저 로우 패스 필터의 구현에 대해서 살펴보도록 하죠.

:: Low Pass Filter의 구현

우리가 앞에서 여러 가지 파형들을 만드는 실험을 했을 때, 톱니파와 같이 뾰족한 파형은 배음성분이 많이 포함되었었고 사인파와 같이 둥근 파형은 배음성분이 없었습니다. 배음성분이 많다는 것은 결국 높은 주파수의 성분이 많이 포함되어 있다는 것을 의미하죠.
그럼 높은 주파수 성분을 깎아 내려면 뾰족한 부분을 부드럽게 만들면 되지 않을까요?

'뾰족한 부분을 매끄럽게 한다? 모난 곳을 평평하게 한다?'

우리가 이미 알고 있는 개념 중에 이와 유사한 것이 있습니다. 평균이 바로 그것인데요. 평균이란 여러 사물의 질이나 양 따위를 통일적으로 고르게 한 것을 의미합니다. 그렇다면 뾰족하게 나와 있는 부분을 평균을 내면 고르게 되지 않을까요?

그럼 사각파에서 네 개의 샘플을 평균을 내서 새로운 파형을 만들어보겠습니다.
입력신호의 1~4번째 샘플의 평균을 내서 출력신호의 첫 번째 샘플을 만들고

입력신호의 2～5번째 샘플의 평균을 내서 출력신호의 두 번째 샘플을 만드는
식이죠.

```
>> t = 0 : 1/100 : 1 ;
>> x = sin(2 * pi * 4 * t) ;
>> x = (x > 0) ;
>> x = (x - 0.5 ) * 2 ;            % 샘플링레이트 100Hz, 주파수 4Hz, 1초의 사각파
>> xd = [x 0 0 0] ;               % 딜레이된 값을 맞춰주기 위하여 0 샘플을 3개 추가
>> for i = 1 : length(x)
>     y(i) = ( xd(i) + xd(i+1) + xd(i+2) + xd(i+3) ) / 4 ;
                                  % 4개 샘플의 평균
> endfor
>> hold
>> plot(t, x)
>> plot(t, y, 'm--')
```

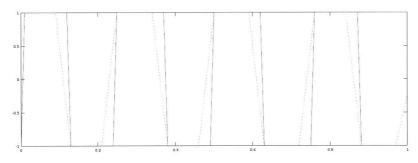

그림 3-39 4Hz의 사각파(실선)와 샘플들의 평균을 내어 만든 파형(점선)

그림 3-39를 보니 1에서 −1로 떨어지는 부분과 −1에서 1로 올라가는 부분이
부드러워진 것을 확인할 수 있습니다.
DSP에서는 이와 같은 방법을 이동평균(Moving Average)이라고 부르며 필
터를 구성하는 기본적인 아이디어가 됩니다.

앞에서는 4개씩 평균을 낸 이동평균을 살펴봤는데요. 2개씩 평균을 내는 이동평균을 확인해봅시다.

2개씩 평균을 내는 이동평균의 수식과 임펄스 리스펀스는 다음의 수식과 그림 3-40과 같습니다.

$$y[n] = 0.5 \times x[n] + 0.5 \times x[n-1]$$

그림 3-40 첫 번째 샘플과 두 번째 샘플이 0.5의 크기를 갖는 임펄스 리스펀스

그렇다면 이 시스템을 통한 주파수의 변화는 어떨까요?

이 시스템(임펄스 리스펀스)에 대한 FFT를 확인해봅시다.

(처음의 임펄스는 44100개의 샘플(총 n의 개수＝44100) 중 첫 번째 샘플(n＝1)만 1의 값을 가지고 나머지는 다 0의 값을 가집니다. 이것을 위의 수식에 대입하면 n이 1일 때와 2일 때만 0.5의 값을 가지고 나머지 값들은 다 0이 되죠. 위의 계산 수식을 그대로 Octave에 넣으면 n이 0이 되는 경우가 생기므로, 값이 없기도 하지만 만들어진 배열에서 y(0)이나 y(−1)은 인식을 하지 않으니 주의하기 바랄게요. 지금은 나온 값들을 그 값과 대응하는 샘플 자릿수

에 맞춰 넣어보도록 합시다.)

이 시스템의 FFT를 확인하는 코드는 다음과 같습니다.

```
>> ir = zeros(1, 44100) ;
>> ir(1 : 2) = 0.5 ;
>> irfft = abs( fft(ir) ) ;
>> irfft = irfft(1 : 22050) ;          % 1Hz부터 22050Hz까지만 볼 수 있도록 설정합니다.
>> plot(irfft)
```

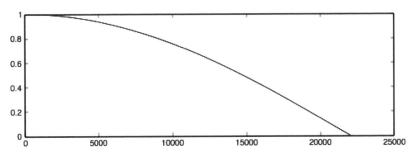

그림 3-41 위에서 만든 코드로 확인한 1번째, 2번째 샘플의 값이 0.5인 FFT 그래프

이번에는 3점 이동평균(3개씩의 평균을 내는)을 살펴봅시다. 수식은 다음과 같습니다. 아까의 코드에서 살짝 변형하여 FFT를 확인해봅시다. (n이 1~3이 될 때까지 0.33의 값을 가지고 나머지 값은 다 0이 됩니다.)

$$y[n] = 0.33 \times x[n] + 0.33 \times x[n-1] + 0.33 \times x[n-2]$$

```
>> ir=zeros(1, 44100) ;
>> ir(1 : 3)=0.333 ;
>> irfft=abs( fft(ir) ) ;
>> irfft=irfft(1 : 22050) ;
>> plot(irfft)
```

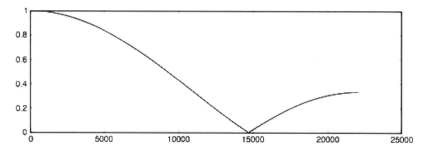

그림 3-42 위에서 만든 코드로 확인한 1번째, 2번째, 3번째 샘플의 값이 0.333인 FFT 그래프

이번에는 4점 이동평균(4개씩의 평균을 내는)을 살펴봅시다.

$$y[n] = 0.25 \times x[n] + 0.25 \times x[n-1] + 0.25 \times x[n-2] + 0.25 \times x[n-3]$$

```
>> ir=zeros(1, 44100) ;
>> ir(1 : 4)=0.25 ;
>> irfft=abs( fft(ir) ) ;
>> irfft=irfft(1 : 22050) ;
>> plot(irfft)
```

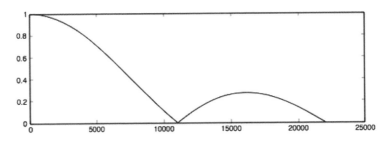

그림 3-43 204쪽에서 만든 코드로 확인한 1번째, 2번째, 3번째, 4번째 샘플의 값이 0.25인 FFT 그래프

위의 주파수 특성을 자세히 살펴보면 딜레이되는 개수가 많아질수록 통과시키는 주파수 대역은 점점 낮아지고 그 위쪽에는 작은 언덕들이 하나씩 늘어나는 것을 볼 수 있습니다만 이것을 가지고는 우리가 원하는 대역의 주파수만 어떻게 통과시킬지는 조금 막막해집니다.

FIR을 이용하여 필터를 구현할 때 주파수를 통과시키고 차단하는 기준점(차단 주파수, Cutoff Frequency, Fc)은 딜레이되는 각 신호에 곱해지는 값들을 이용하여 조정할 수 있습니다. (이동평균에서는 평균을 내기 위해서 곱해진, 0.5, 0.333, 0.25의 값)

그리고 이렇게 각각의 딜레이되는 신호에 곱해지는 값을 필터 계수(Filter Coefficient, 필터 코에피션트)라고 합니다.
필터 계수를 찾는 데에는 조금 복잡한 수식들이 사용되는데 여기서는 그 값들이 어떻게 되는지만을 이야기하고자 합니다. (이 값들 구하는 식의 유도는 공학적인 수학의 기초가 필요합니다.)

FIR을 이용한 필터를 구현할 때는 대개 짝수 개의 딜레이를 사용하며 구조는 그림 3-44와 같습니다.

(FIR 필터는 필터 계수가 짝수인지 홀수인지 임펄스 응답 즉, 필터 계수가 대칭인지 아닌지에 따라 4가지 유형으로 나뉩니다. 여기서 설명한 필터는 이 중 '짝수 개의 딜레이를 갖고 필터 계수가 대칭인 FIR 필터'로 유형 1에 속하는 필터이며 4가지 유형의 FIR 필터 중 가장 많이 사용되는 유형에 해당합니다.)

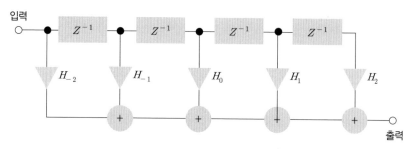

그림 3-44 4개의 딜레이를 가지는 시스템의 블록도

DSP에서 Z^{-1}은 샘플 하나만큼의 딜레이를 의미한답니다.
그리고 각 딜레이에 곱해지는 H값들을 이용하여 필터의 주파수 특성을 설정하게 되는데요. H값은 다음과 같이 설정하면 됩니다.

1) $W_L = 2\pi \dfrac{f_L}{f_S}$ f_L은 LPF의 Cutoff Frequency, f_S는 Sampling Frequency

2) $H_0 = \dfrac{W_L}{\pi}$

3) $H_m = H_{-m} = \dfrac{\sin(m W_L)}{m\pi}$

수식과 그림만 잔뜩 있으니 많이 혼란스럽죠? 그렇다면 위와 같이 4개의 피드 Feed Forward Delay를 이용하여 Fc(차단 주파수, Cutoff Frequency)가 8000Hz인 로우 패스 필터의 필터 계수를 구해보도록 하겠습니다.

1) $W_L = 2\pi \dfrac{8000}{44100} = 1.1398$

2) $H_{0\,=}\dfrac{W_L}{\pi} = 0.36281$

3) $H_2 = H_{-2} = \dfrac{\sin(2\,W_L)}{2\pi} = 0.12082,\ H_1 = H_{-1} = \dfrac{\sin(W_L)}{\pi} = 0.28920$

이 계수들을 적용한 시스템의 수식과, 이를 적용한 코드입니다.

$$y[n] = 0.12082 \times x[n] + 0.28920 \times x[n-1] + 0.36281 \times [n-2] +$$
$$0.28920 \times x[n-3] + 0.12082 \times x[n-4]$$

```
>> h0=0.36281 ; h1=0.28920 ; h2=0.12082 ;
>> sys=zeros(1, 44100) ;
>> sys(1)=h2 ; sys(2)=h1 ; sys(3)=h0 ; sys(4)=h1 ; sys(5)=h2 ;
>> sysft=abs( fft(sys) ) ;
>> sysft=sysft(1 : 44100/2) ;
>> plot(sysft)
```

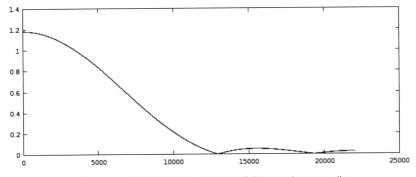

그림 3-45 4개의 딜레이에 계수를 적용한 LPF의 FFT 그래프

그런데 시스템의 주파수 특성이 영 실망스럽습니다. 차단 주파수도 8000Hz보다 조금 높아 보이고 주파수의 증폭도도 약 13KHz 대역부터는 신호가 커지는 특성을 보입니다.

이것은 딜레이의 수(DSP에서는 필터의 단수라고 이야기합니다.)가 너무 적어서 생기는 현상입니다. FIR 필터에서 만족할 만한 특성을 얻으려면 딜레이의 수를 충분히 늘려야 우리가 원하는 특성과 유사한 필터를 얻을 수 있습니다.

:: High Pass Filter의 구현

앞서 Low Pass Filter를 구현했을 때는 이동평균으로부터 아이디어를 가져왔었는데요. 그렇다면 Low Pass Filter의 반대격인 High Pass Filter는 어떻게 구현할까요? 이동평균에서는 평균을 내기 위하여 더하였으니 High Pass Filter는 빼보면 어떨까요?

$$y[n] = 0.5 \times x[n] + 0.5 \times x[n-1]$$

이 식은 Low Pass Filter(2점 이동평균)입니다.

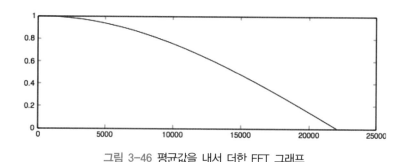

그림 3-46 평균값을 내서 더한 FFT 그래프

$$y[n] = 0.5 \times x[n] - 0.5 \times x[n-1]$$

인접한 두 샘플을 뺀 식입니다. 이 식을 코드로 구현하면 다음과 같습니다.

```
>> ir = zeros(1, 44100) ;
>> ir(1) = 0.5 ;
>> ir(2) = -0.5 ;
>> irfft = abs( fft(ir) ) ;
>> irfft = irfft(1 : 22050) ;
>> plot(irfft)
```

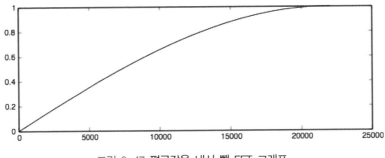

그림 3-47 평균값을 내서 뺀 FFT 그래프

예상대로 High Pass Filter의 모습이 나오기는 하는군요. 다시 말해서 필터 계수를 적절히 조정하면 똑같은 FIR Filter의 구조에서 Low Pass Filter도 High Pass Filter도 구현할 수가 있는 거네요.

그럼 Low Pass Filter와 마찬가지로 High Pass Filter를 만들기 위한 필터 계수 구하는 식을 알아보면 되겠네요.

1) $W_H = 2\pi \dfrac{f_H}{f_S}$ f_H는 HPF의 Cutoff Frequency, f_S는 Sampling Frequency

2) $W_L = \pi - W_H$

3) $H_0 = \dfrac{W_L}{\pi}$

4) $H_m = H_{-m} = \dfrac{\sin(m\,W_L)}{m\pi}$

이건 Low Pass Filter의 필터 계수를 구하는 식과 매우 유사하네요.

그럼 4개의 피드 포워드 딜레이를 이용하여 Fc(차단 주파수, Cutoff Frequency)
가 8000Hz인 하이 패스 필터의 필터 계수를 구해보도록 하겠습니다.

1) $W_H = 2\pi\dfrac{8000}{44100} = 1.1398$

2) $W_L = \pi - 1.1398 = 2.0018$

3) $H_0 = \dfrac{W_L}{\pi} = 0.63719$

4) $H_2 = H_{-2} = \dfrac{\sin(2\,W_L)}{2\pi} = 0.12082, \; H_1 = H_{-1} = \dfrac{\sin(W_L)}{\pi} = 0.28920$

이 계수들을 적용한 수식과 코드는 다음과 같습니다.

$$y[n] = -0.12082 \times x[n] - 0.28920 \times x[n-1] + 0.63719 \times x[n-2] - 0.28920 \times x[n-3] - 0.12082 \times x[n-4]$$

```
>> h0=0.63719 ; h1=0.28920 ; h2=-0.12082 ;
>> sys=zeros(1, 44100) ;
>> sys(1)=h2 ; sys(2)=-h1 ; sys(3)=h0 ; sys(4)=-h1 ; sys(5)=h2 ;
>> sysft=abs( fft(sys) ) ;
>> sysft=sysft(1 : 44100/2) ;
>> plot(sysft)
```

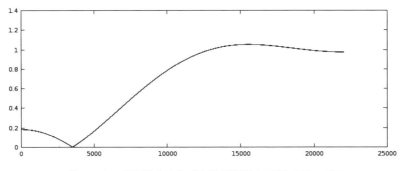

그림 3-48 4개의 딜레이에 계수를 적용한 HPF의 FFT 그래프

이것도 LPF와 마찬가지로 만족스럽지 않은 주파수 특성을 보이는데요. 앞서
이야기한 것과 같이 FIR 필터의 경우는 필터의 단수가 아주 많아야 우리가
원하는 것에 근접한 결과를 얻을 수 있을 것입니다.
그럼 만족할 만한 필터를 구현하기 위해서는 반드시 이렇게 많은 딜레이가 필
요할까요?

꼭 그렇지만은 않습니다.
피드백 딜레이를 사용하게 되면 조금 더 만족스러운 필터를 얻을 수 있는데요.
피드백 딜레이는 신호가 되돌아가서 지연되는 것이라 좀 더 복잡해지게 됩니다.
그래서 여기서는 우리가 자주 사용하게 되는 Biquad Filter라는 것에 관해서
만 공부할 것입니다.

:: Biquad Filter

앞서 본 것과 같이 FIR 형태의 필터로 원하는 주파수 특성을 얻고자 하면 너무 많은 딜레이를 필요로 합니다. 그리고 IIR 형태의 필터는 수식이 복잡해지고 자칫 잘못하면 굉장히 불안한 시스템이 만들어져버립니다. 그래서 많이 사용 되는 필터가 바이쿼드 필터(Biquad Filter)입니다.

바이쿼드 필터는 아래 그림과 같이 두 개의 Feed Forward Delay와 두 개의 Feed Back Delay가 결합되어 있는 형태인데요. 이 필터를 사용하면 4개의 딜레이만으로 원하는 형태에 근접한 필터를 구현할 수 있습니다.

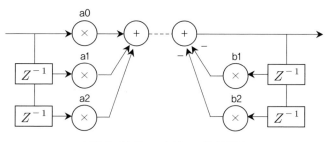

그림 3-49 Biquad Filter 의 블록도

그림 3-49의 구조를 수식으로 표현하면 다음과 같습니다.

$$y[n] = a0 \times x[n] + a1 \times x[n-1] + a2 \times x[n-2] - b1 \times y[n-1]$$
$$- b2 \times y[n-2]$$

정말 저와 같은 구조만으로 우리가 원하는 모양의 필터를 구현할 수 있을까요? 그렇다면 다음의 링크를 확인해보기 바랍니다.

http://www.earlevel.com/main/2013/10/13/biquad-calculator-v2/

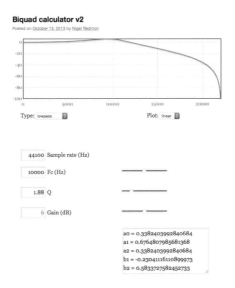

그림 3-50 Cutoff Frequency 10000Hz일 때 Biquad Filter의 각 계수의 값들

이 사이트뿐만 아니라 Biquad Filter를 구성하기 위한 계수를 알려주는 사이트는 어렵지 않게 찾을 수 있습니다. (biquad filter coefficients이나 biquad filter calculator로 검색해보세요.)

이 사이트에서 필터의 종류(Type)와 샘플링레이트(Sample rate(Hz)), 차단 주파수(Fc(Hz)), Q값을 움직이면 그래프를 통해서 필터의 주파수 특성을 보여주고 오른쪽 하단에 a0, a1, a2,b1, b2의 필터 계수를 보여줍니다.

위에서 설정한 값을 토대로 Octave에서 구현한 Biquad Filter는 다음과 같습니다.

```
>> a0 = 0.3382403992840684 ;
>> a1 = 0.6764807985681368 ;
>> a2 = 0.3382403992840684 ;
>> b1 = -0.23041116110899973 ;
>> b2 = 0.5833727582452733 ;
>> x = zeros(1, 44100) ;
>> x(1) = 1 ;                          % 임펄스 생성
>> y(1) = a0 * x(1) ;                  % y(1)과 y(2)는 일반식과 차이가 있어서 별
                                         도로 처리
>> y(2) = a0 * x(2) + a1 * x(1) - b1 * y(1) ;
>> for i = 3 : length(x)
> y(i) = a0 * x(i) + a1 * x(i - 1) + a2 * x(i - 2) - b1 * y(i - 1) - b2 * y(i - 2) ;
> endfor                               % y(3)~y(end)는 일반식으로 구현
>> yfft = abs( fft(y) ) ;
>> yfft = yfft(1 : length(y)/2) ;
>> plot(yfft)
```

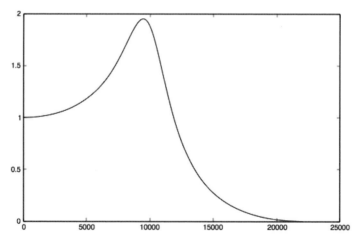

그림 3-51 Octave에서 각 계수들을 적용시킨 FFT 그래프

주파수 특성을 보니 사이트에서 얻은 것과 같은 결과를 얻었습니다.

Biquad Filter는 앞서 설명한 것처럼 비교적 단순한 구조의 필터임에도 불구하고 원하는 주파수 특성을 쉽게 구현할 수 있어서 다양하게 사용이 되고 있습니다. 또한 이와 같은 이유로 Puredata 나 MAX와 같은 사운드/멀티미디어 프로그래밍 도구에서도 지원하고 있습니다.

예를 들어 Puredata의 경우는 다음과 같이 설정을 하여 Biquad Filter를 구현할 수 있습니다.

$$[\text{biquad} \sim] \quad [\text{fb1}] \; [\text{fb2}] \; [\text{ff1}] \; [\text{ff2}] \; [\text{ff3}]$$

여기서 fb1, fb2는 feedback을 의미하며, 위의 Biquad Filter의 b1, b2 값을 입력합니다. ff1, ff2, ff3는 Feed Forward를 의미하며, 위의 Biquad Filter의 a1, a2, a3 값을 입력하면 됩니다.

---

1. 웨이브 파일을 불러온 후 2점 이동평균을 적용하여 새로운 웨이브 파일을 만들어 소리를 확인해보세요.

2. 딜레이 100개를 이용하여 차단 주파수 8000Hz인 Low Pass Filter를 설계하고 그 시스템의 주파수 특성을 확인해보세요.

    hint H-50~H50까지의 값은 for 문을 이용하여 한꺼번에 얻을 수 있습니다.

3. 샘플링레이트 44100Hz, Fc가 5000Hz인, Band Pass Filter를 설계하고 임펄스 응답을 그려보세요.

4. 샘플링레이트 44100Hz, Fc가 5000Hz, Q값이 10, Gain이 3인 Peak Filter의 계수를 구하고 임펄스 응답을 그려보세요.

5. 샘플링레이트 44100Hz, Fc가 4000Hz인 One-Pole LPF의 계수를 구하고 임펄스 응답을 그려보세요. 그리고 웨이브 파일을 불러와서 이 필터를 적용해보세요.

이렇게 해서 드디어 소리의 3요소를 어떻게 변화시키는지에 대한 대장정을 마쳤습니다.

또 하나의 큰 산을 넘었으니 잠시 숨을 돌리고 소리를 분석하는 방법에 관한 이야기를 시작해보도록 하겠습니다.

채진욱

From : octavehhjung@gmail.com
To : octavejwchae@gmail.com
Subject : 곱셈과 딜레이를 이용한 음색의 변화_과제 확인

보내주신 메일은 잘 받았습니다. 역시 마지막에 다다를수록 복잡한 내용을 공부하게 되네요. 이퀄라이저(Equalizer)에서 쉽게 선택해 만들 수 있는 High Pass Filter나 Low Pass Filter도 DSP에서는 복잡하게 구성하게 되네요. 그래도 차근차근 보면서 제 것으로 만들어봐야겠습니다.

먼저, 웨이브 파일을 불러와서 2점 이동평균을 적용해 새로운 웨이브 파일을 만들어보겠습니다. 2점 이동평균이니 원본 파일의 첫 번째, 두 번째 샘플의 평균을 새로운 파일의 첫 번째 샘플로, 원본 파일의 두 번째, 세 번째 샘플의 평균을 새로운 파일의 두 번째 샘플로 저장하면 될 것입니다.

```
>> [y, fs]=wavread('cymbals.wav') ;     % Ride Cymbals 소리를 불러왔습니다.
>> y=y' ;                               % 오디오 파일을 열이 아니라 행으로 저장
                                        합니다.
>> y2=[y 0];
```

```
>> for i=1 : length(y)
> new_y(i)=( y2(i) + y2(i + 1) ) / 2 ;    % y2의 샘플들의 평균을 y3라는 새로운 변
                                             수에 넣어 저장합니다.
> endfor
>> hold
>> plot(y, 'linewidth', 5) ;              % 두 그래프의 비교를 위해 linewidth로 선
                                             의 굵기를 조절하였습니다.
>> plot(new_y, ':m', 'linewidth', 2) ;    % 두 그래프의 비교를 위해 그래프의 색과
                                             모양, 굵기를 조절하였습니다.
>> axis([100, 140, -1, 1])
>> sound(y, fs)
>> sound(new_y, fs)
```

이렇게 해서 만들어진 파형을 그래프로 그려보면 그림 3-52와 같습니다.

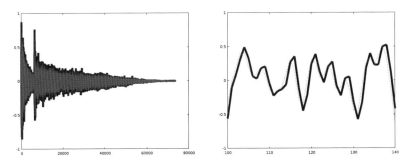

그림 3-52 원본 그래프(왼쪽)와 확대한 그래프(오른쪽), 원본 파형의 그래프는 실선, 2점
이동평균한 파형의 그래프는 점선으로 그려져 있습니다.

그래프상으로는 이동평균한 그래프(점선으로 이루어진 그래프)가 약간 볼륨이
작아지고 파형의 모양이 약간 변하게 됩니다. 또한 예측대로라면 소리가 약간
어두워질 것입니다. 청감상으로는 약간 어두워지는 듯하나 크게 차이가 나지
않아, FFT로 확인도 해보았습니다.

```
>> y_fft=abs( fft(y) ) ;
>> y_fft=y_fft(1 : length(y) / 2) ;
>> new_fft=abs( fft(new_y) ) ;
>> new_fft=new_fft(1 : length(new_y) / 2) ;
>> f=fs * (0 : length(y) / 2 - 1) / length(y) ;   % 가로축을 22050까지 유효값으로 만
                                                      드는 코드
>> hold
>> plot(f, y_fft, 'linewidth', 2)
>> plot(f, new_fft, 'y', 'linewidth', 0.5)
>> axis([3200, 15000, 0, 410])          % 가장 큰 값을 가지는 주파수부터 가
                                          장 작은 주파수까지만 살펴보았습니다.
```

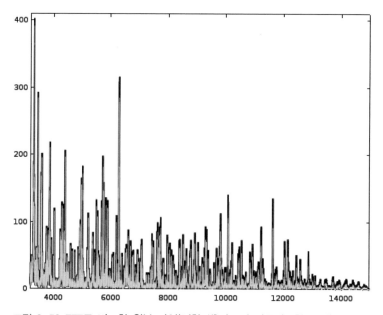

그림 3-53 FFT로 비교한 원본 파일(진한 색)과 2점 이동평균한 파일(연한 색)

그림 3-53은 FFT로 만들어 비교해본 그림입니다. 왼쪽의 낮은 주파수 대역에서는 두 그래프의 색 차이가 크지 않지만, 오른쪽으로 갈수록 (높은 주파수 대역) 색 차이가 크게 나게 됩니다. 즉 LPF의 특성처럼 높은 주파수 부분들이 더 많이 깎여나가는 모습을 보이게 됩니다. 아마 이동평균의 값이 점점 많아질수록 감소폭은 더 크게 되겠지요.

(이 부분을 테스트할 때는 심벌즈나 높은 주파수의 에너지를 가지고 있는 소리로 테스트하는 게 좋을 것 같습니다. 에너지가 감소하는 특성이 급격하지 않고 완만하게 떨어지기 때문에, 베이스 기타나 피아노의 멜로디 부분과 같은 비교적 중, 저음역대의 소리로 테스트하면 제대로 된 확인이 어려울 것 같습니다.)

이제 딜레이 100개를 이용해서 차단 주파수 8000Hz인 로우패스필터를 만들어보도록 하겠습니다. 딜레이 100개라니…. 제 컴퓨터가 버틸 수나 있을지 모르겠네요.

먼저 딜레이 100개 힌트로 주신 H-50부터 H50까지의 값을 구해야 할 텐데요. 알려주신 수식에 대응해 코드를 만들어보겠습니다. 먼저 대응하는 주파수에 대한 각각의 값을 구해본다면 다음과 같습니다.

1) $W_L = 2\pi\dfrac{8000}{44100} = 1.1398$

2) $H_0 = \dfrac{W_L}{\pi} = 0.36281$

3) $H_m = H_{-m} = \dfrac{\sin(m\,W_L)}{m\pi}$

```
>> w = 2 * pi * (8000 / 44100)        % 1)번 수식의 w의 값인 1.1398을 변수로 만들어줍니다.
>> h0 = w / pi                        % 2)번 수식의 h0의 값인 0.36281을 변수로 만들어
                                        줍니다.

>> for i = 1 : 50
> h(i) = sin(i * w) / (i * pi) ;      % 3)번 수식의 값들을 h(i)라는 변수에 넣어줍니다.
> endfor
>> sys = zeros(1, 44100) ;
>> sys(51) = h0 ;                     % 전체 100개의 딜레이 계수 중 가장 가운데값(-50 →
                                        0 → 50, 1 → 51 → 101)을 먼저 넣습니다.
>> for i = 1 : 101                    % 전체 딜레이 개수는 h0를 포함한 101개가 됩니다.
> if(i > 51)
> sys(i) = h(i - 51) ;                % 가장 중간값인 h0 = sys(51)부터 sys(101)까지는
                                        h(1)부터 h(50)까지를 입력합니다.
> elseif(i < 51)
> sys(i) = h(51 - i) ;                % h-51 = sys(1)부터 sys(51)까지는 h(50)부터 h(1)까
                                        지를 입력합니다.
> endif
> endfor
>> sysft = abs( fft(sys) ) ;
>> sysft = sysft(1 : 22050);
>> plot(sysft)
```

위의 코드로 해서 만들어지는 필터의 FFT 그래프는 그림 3-54와 같습니다.

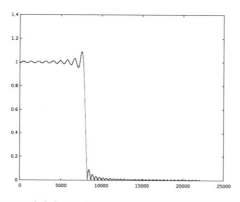

그림 3-54 딜레이 100개를 이용한 차단 주파수 8000Hz의 LPF

100개를 더해서 본 FFT 그래프에서는 8000Hz보다 위쪽 주파수들이 잘려나가는 것을 볼 수 있었습니다. 역시 100개 정도 더해보니 정확도가 살아나는 것 같지만, 컴퓨터의 속도가 느려집니다. 또한 자잘한 언덕들(리플)이 많이 생겨나는데요. 이 부분들이야 개수를 더하면 점점 평탄해지겠지만 그렇게 되면 처리속도는 더 느려지겠지요.

이제 샘플링레이트 44100Hz, Fc가 5000Hz인 Band Pass Filter의 계수를 구하고 임펄스 응답을 그려보도록 하겠습니다. 먼저 Band Pass Filter는 특정 주파수만을 통과시키려고 할 때 사용하는 필터일 텐데요. 일단 기본적인 동작의 그림은 다음의 그림 3-55와 같습니다.

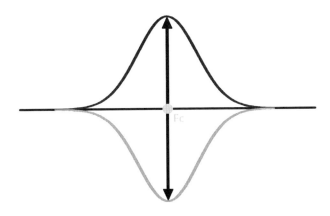

그림 3-55 Band Pass Filter의 그래프. Fc를 중심으로 강조하는 필터, Fc를 감소할 경우 Band Reject Filter가 됩니다.

특정 주파수를 강조하거나, 감소시키는 필터로 저도 사운드 작업할 때 많이 사용하게 됩니다. 이것에 관해서는 설명만 해주셨기 때문에 어떤 식으로 만들어야 할지 고민되었습니다. 생각해보니 Fc를 5000Hz로 갖는 LPF와 Fc를 5000Hz로 갖는 HPF를 곱해서 중복되는 주파수만 사용하면 되겠다 싶었습니다. 그렇게 되면 양쪽에서 차단되는 주파수들은 매우 낮은 값을 가지고 되고 주파수 대역이 중복되는 부분은 강조가 될 것 같았습니다. 즉, 아래 그림 3-56과 같이 생각했습니다.

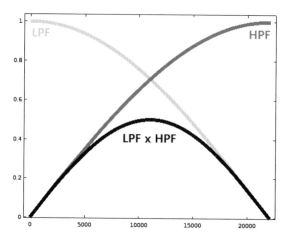

그림 3-56 2점 이동평균한 LPF의 임펄스 응답과 2점 이동평균한 HPF의 임펄스 응답을 곱한 그래프

그렇다면 앞서 배웠던 FIR Filter를 이용해 먼저 5000Hz를 차단하는 LPF와 HPF를 구해보도록 하겠습니다. 먼저 위에서 만들었던 LPF에 대한 코드를 m 파일로 만들어 사용하기 편하게 합니다.

```
Fc = input("Input Fc : ") ;              % 주파수를 입력합니다.
Delay = input("Input Delay Number : ") ; % 딜레이 개수를 입력합니다.
DV = ceil(Delay/2 + 1) ;                 % 총 딜레이 개수를 반으로 나누어줍니다.
                                         딜레이 개수가 홀수일 경우 올림해주게 됩
                                         니다.
w = 2 * pi * (Fc / 44100)
h0 = w / pi
```

```
for i = 1 : ceil(Delay / 2)                    % 딜레이 개수가 홀수일 경우 올림해주게
                                               됩니다.
h(i) = sin(i * w)/(i * pi) ;
endfor
lo = zeros(1, 44100) ;
lo(DV) = h0 ;
for d = 1 : (Delay + 1)
if(d > DV)
lo(d) = h(d - DV) ;
elseif(d < DV)
lo(d) = h(DV - d) ;
endif
endfor
lpf = abs( fft(lo) ) ;
lpf = lpf(1 : 22050) ;
plot(lpf)
printf("save lpf")
disp(")
```

이렇게 m 파일을 만들면 주파수와 딜레이 개수만 넣었을 때 쉽게 LPF의 특성
을 확인할 수 있습니다. 이제 HPF를 만들어보아야겠는데요. 기본적인 식은
LPF와 같지만, h0가 다르고 짝수 번째 구성성분들에 −1이 곱해질 텐데요.
이것 역시 m 파일로 만들어보겠습니다.

```
Fc = input("Input Fc : ") ;
Delay = input("Input Delay Number : ") ;
g = input("Input Gain : ") ;
DV = ceil(Delay/2 + 1) ;
```

```
w1 = 2 * pi * (Fc / 44100)
w2 = pi - w1        % HPF를 만들기 위한 새로운 변수
h0 = w2 / pi
for i = 1 : ceil(Delay/2)
h(i) = sin(i * w2)/(i * pi) ;
endfor
hi = zeros(1, 44100) ;
hi(DV) = h0 ;

for d = 1 : (Delay + 1)
if(d > DV)
hi(d) = h(d - DV) ;
elseif(d < DV)
hi(d) = h(DV - d) ;
endif
endfor

for n = 1 : length(hi)  % HPF를 만들기 위해 짝수 번째 구성요소들에 -1을 곱해줍니다.
if(mod(n, 2) == 0)
hi(n) = -1 * hi(n) ;
endif
endfor

hpf = abs( fft(hi) ) ;
hpf = g*hpf(1 : 22050) ;
plot(hpf)
printf("save hpf")
disp('')
```

기본적인 HPF의 명령은 위와 같습니다. 이제 두 가지 명령을 곱해주어 Band Pass Filter를 만들어보겠습니다.

먼저 두 가지 명령을 하나의 m 파일로 합쳐주고, 마지막 라인에 다음과 같은

코드를 넣어줍니다.

```
>> yfft = 4 * (hpf * lpf) ;
>> plot(yfft) ;
>> axis([Fc - 1000, Fc - 1000, 0, g]) ;
```

이것은 하이패스필터와 로우패스필터를 곱해주고 그로 인해 감소하는 음량에 4를 곱해서 1로 크기를 맞춰주게 됩니다. 이렇게 만든 필터는 그림 3-57과 같습니다.

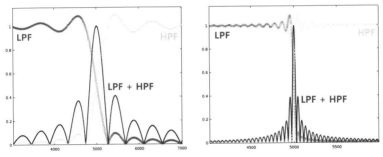

그림 3-57 딜레이 개수 100개인 HPF와 LPF의 합(왼쪽), 딜레이 개수 1000개인 HPF와 LPF의 합(오른쪽)

점으로 이루어진 그래프가 HPF, '−' 모양으로 이루어진 그래프가 LPF, 그리고 이어지는 선으로 만들어진 그래프가 두 개의 필터를 곱해서 만들어진 BPF입니다.

이렇게 만들면 5000Hz를 살려주면서 양쪽의 주파수를 차단하는 모양이 나오긴 하나 딜레이 개수가 많아야 세밀해진다는 단점과 값들을 조절하는 데 있어서 큰 어려움이 있습니다.

아마 이것도 Biquad Filter를 이용하면 더 쉽게 만들 수 있지 않을까 싶습니다. 또한 딜레이 개수가 많이 필요하다 보니 계산하는데 Octave에서 시간이 많이 들게 되네요. 이런 필터는 과연 어디에 적용해야 할지 고민이 됩니다. (약간 성능이 안 좋은 몹쓸 필터와 같은 느낌도 드네요.)

이제 Biquad Filter를 사용해서 Peak Filter를 만들어보았습니다.

알려주신 사이트인 http://www.earlevel.com/main/2013/10/13/biquad-calculator-v2/에 들어가서 필요한 값들을 설정해 계수를 구해보았습니다. (필터 타입을 꼭 Peak Filter로 바꿔야 합니다!)

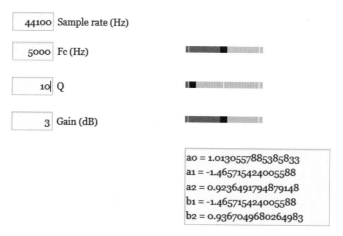

그림 3-58 Peak Filter의 임펄스 응답을 위한 각 계수들의 값

이제 이 계수들의 값을 넣어서 Peak Filter의 임펄스 응답을 확인해보겠습니다. 잘 만들었다면 뾰족한 봉우리 하나만 싹 올라와 있는 그림이 그려질 텐데요. 한번 만들어보겠습니다.

```
>> a0=1.0130557885385833 ;
>> a1=-1.465715424005588 ;
>> a2=0.9236491794879148 ;
>> b1=-1.465715424005588 ;
>> b2=0.9367049680264983 ;
>> x=zeros(1, 44100) ;
>> x(1) = 1 ;
>> y(1)= a0 * x(1) ;
>> y(2)= a0 * x(2) + a1 * x(1) - b1 * y(1) ;
>> for i = 3 : length(x)
> y(i) = a0 * x(i) + a1 * x(i - 1) + a2 * x(i - 2) - b1 * y(i - 1) - b2 * y(i - 2) ;
> endfor
>> yfft = abs( fft(y) ) ;
>> yfft = yfft(1 : length(y)/2) ;
>> plot(yfft)
```

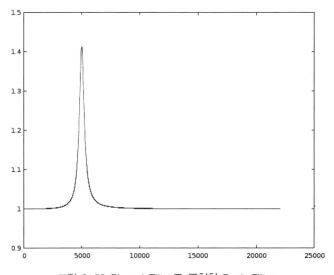

그림 3-59 Biquad Filter로 구현한 Peak Filter

그림 3-59와 같이 Peak Filter가 만들어졌습니다. Gain이 1부터 시작하고, 제일 높은 Gain 값이 1.4까지라 정확하게 만들어졌는지는 알 수 없지만 일단 5000Hz에서의 Peak가 생성된걸 보면 FFT를 그려주는 과정에서 값을 변하게 해주어야 할 것 같습니다. 어떻게 해야만 할까요?

마지막으로 Fc 4000Hz의 One-Pole LPF를 만들고 웨이브 파일을 여기에 적용하는 과제만 남았는데요. 먼저 아까 만들어둔 Peak Filter에서 각 계수의 값들을 바꾸어 만들어보고, 오디오 파일을 적용해보도록 하겠습니다. (m 파일 로 만들어두었다면 재사용하기가 훨씬 쉬워집니다.)

"One-Pole Filter란 것은 '주파수가 2배가 될 때마다(음악적으로는 한 옥타 브마다) -6dB씩 감소하는 기울기를 갖는 필터'입니다. One-Pole Filter의 친구로는 Two-Pole(주파수가 2배가 될 때마다 -12dB씩 감소), Four-Pole (주파수가 2배가 될 때마다 -24dB씩 감소) Filter가 있습니다."

라고 교수님께서 저에게 사운드 디자인 수업 때 설명해주셨던 기억이 납니다. 즉 LPF에서는 Fc부터 차단하는 부분들의 주파수 감소 경사가 매우 무디다는 것 이겠지요. (Fc 4000Hz, 0dB라고 가정한다면 2배인 8000Hz에서는 약 -6dB가 되고, 그 4배인 16000Hz에서는 약 -12dB가 되겠네요.)

일단 계수들을 구한 뒤 코드에 적용시켜보았습니다.

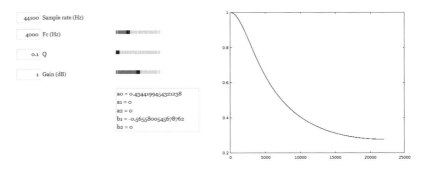

그림 3-60 One-Pole의 각 계수의 값들과 이를 Octave에서 적용해서 그린 임펄스 응답 FFT 그래프

뭔가 그래프가 부드럽게 생겼네요. 이제 이 그래프에 오디오 파일을 적용해보 겠습니다. 오디오 파일을 불러온 뒤 FFT로 변환해서 만들고 이를 One-Pole 에 곱해주면 되겠지요. Audacity에서 화이트 노이즈를 만들어 불러와 적용해 보겠습니다.

```
>> a0 = 0.4344299454321238 ;
>> a1 = 0 ;
>> a2 = 0 ;
>> b1 = -0.5655800545678762 ;
>> b2 = 0 ;
>> x = zeros(1, 44100) ;
>> x(1) = 1 ;
>> y(1) =  a0 * x(1) ;
>> y(2) =  a0 * x(2)  +  a1 * x(1) - b1 * y(1) ;
>> for  i = 3 : length(x)
> y(i) = a0 * x(i)  +  a1 * x(i - 1)  +  a2 * x(i - 2) - b1 * y(i - 1) - b2 * y(i - 2) ;
> endfor
>> yfft = abs( fft(y) ) ;
>> yfft = yfft(1 : length(y)/2) ;
>> [s, fs] = wavread('noise_1sec.wav') ;          % 1초짜리 노이즈 샘플입니다.
```

```
>> s = s' ;
>> noise_fft = abs( fft(s) ) ;
>> noise_fft = noise_fft(1 : 22050) ;
>> noise_fft = noise_fft./max(noise_fft) ;        % noise_fft의 세로축의 최댓값을 보기 편
                                                   하게 1로 만들어주는 것입니다.

>> filter_fft = noise_fft .* yfft ;
>> hold
>> plot(noise_fft, 'm')
>> plot(filter_fft, 'g')
>> plot(yfft, 'linewidth', 5)

>> y2 = real( ifft(filter_fft) ) ;                % 곱해진 소리를 다시 오디오 파형으로
                                                   변환합니다.
>> wavwrite(y2, 44100, 'noise_1pole.wav') ;       % Audacity에서 확인할 수 있게 오디오
                                                   파일로 만들어줍니다.
```

이렇게 해서 만들어진 그래프는 그림 3-61과 같습니다. 또한 변환한 파일을
Audacity에서 불러와 파형이 제대로 만들어졌는지, 소리는 어떤지 확인도 가
능합니다.

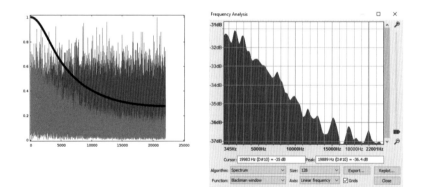

그림 3-61 One-Pole(중간선)을 원본노이즈(진한 색)에 적용시킨 FFT 그래프(연한 색)와 Audacity
        에서 확인한 FFT 그래프

만들어진 One-Pole 그래프의 모양대로 원본의 모양이 변화하였습니다. 또한 이 FFT를 오디오 파일로 변환한 뒤 Audacity에서 열어보면, Octave와 마찬가지로 One-Pole이 적용된 모양의 그래프를 확인할 수 있었습니다. 들어본 소리 또한 원본에 비해 어두운 소리로 변했고요. (높은 주파수가 감소하면서 음색이 어둡고 텁텁하게 변화한 것이겠지요.)

이렇게 필터까지 만들어보았습니다.

손쉽게 사용할 수 있는 필터를 막상 이렇게 구현하려니 어려운 점이 더 많네요. Puredata와 같은 툴에서는 상자 몇 개만 끌어다오면 쉽게 만들 수 있는 것을 코드로 구현하려니 복잡한 과정들을 많이 거치게 되고 신경 쓸 부분도 꽤 많이 있는 것 같습니다.

(하면서 필터 계수들을 잊어버리거나 잘못 넣으면 계속 결과에 오류가 나오게 됩니다. 이해하고 실험하는 데 걸린 시간이 다른 주제에 비해 2배 정도 더 걸린 것 같습니다.)

과제로 주신 필터 종류 이외에도 여러 가지 필터의 종류(Shelving Filter, Comb Filter 등등)가 있을 테니 이것들도 한번 다 만들어봐야겠습니다.

그럼 좋은 하루 보내시고요.

다음 메일도 흥미로운 내용으로 가득하길 바랍니다.

쉬어가는 페이지(필터를 정리하며)

From : octavejwchae@gmail.com
To : octavehhjung@gmail.com
Subject : 쉬어가는 페이지(필터를 정리하며)

드디어 필터까지 마무리했네요.
그럼 잠깐 쉬면서 필터에 대한 정리를 해보죠.

Q. FIR 필터는 정말 몹쓸 필터인가?

A. 우리가 공부한 것으로 미루어 짐작했을 때 FIR 필터는 필터 특성도 안 좋고 많은 딜레이를 필요로 하는 아무짝에도 쓸모없는 필터처럼 보입니다.
하지만 FIR 필터를 사용하는 다양한 이유가 있는데요.
그 이유 중의 하나가 과제를 수행하면서 확인한 것처럼 필터 단수를 충분히 크게 했을 때 차단 주파수에서 정확하게 주파수를 차단할 수 있는 필터라는 것이고요. 나중에 좀 더 DSP를 공부하게 되면 배우겠지만 이와 같은 특성을 얻기 위하여 필터의 계수에 약간의 수정을 해주는 창함수(Windows)라는 것을 도입하여 리플(Ripple)을 줄여주면서 원하는 주파수 특성을 얻어내는 일을 하기도 한답니다.

FIR 필터의 사용 목적 중 가장 큰 부분인 바로 'linear phase' 때문입니다. linear phase라는 것은 모든 주파수가 성분이 같은 time delay를 갖는다는 의미입니다. 물론 IIR 필터의 경우도 통과 대역 내에서는 거의 linear phase 성질을 갖지만, 이론적으로 FIR 필터의 성능을 따라올 수는 없답니다. 지금은 생소하고 이해하기가 쉽지 않은 이야기들일 텐데요. 나중에 DSP를 제대로 공부하게 되면 차차 이해하게 될 것이랍니다.

Q. Gain이 1부터 시작하고, 제일 높은 Gain 값이 1.4까지라 정확하게 만들어졌는지는 알 수 없지만 일단 5000Hz에서의 Peak가 생성된걸 보면 FFT를 그려주는 과정에서 값을 변하게 해주어야 할 것 같습니다. 어떻게 해야만 할까요?

A. 과제에서 Gain은 데시벨(dB) 단위로 값을 보여주고 있습니다. (과제에서는 3dB로 설정을 했었죠.) 그런데 과제를 수행한 결과에서는 그 값이 대수적인 값으로 표시를 해주고 있었고요.

$dB = 20 \times \log\left(\dfrac{p2}{p1}\right)$ 으로 계산이 되고요. 여기서 p1은 1로 놓고 계산을 하면 됩니다.

따라서 과제에서는

```
>> dB = 20 * log10(yfft) ;
>> plot(dB) ;
```

로 해서 본다면 Biquad Calculator 사이트를 통해서 본 그래프와 같은 그래프를 볼 수 있을 것입니다.

Q. Biquad를 많이 사용한다면 옥타브에서 좀 더 쉽게 구현할 방법은 없나요? 마치 Puredata의 [biquad~] 오브젝트처럼 말이죠.

A. 당연히 있습니다. 현재 우리는 옥타브의 기본적인 버전을 사용하고 있는데요. 만약 옥타브의 Signal 패키지라는 것을 설치하게 되면 DSP와 관련한 엄

청나게 다양하고 유용한 기능들을 사용할 수 있고요. 우리처럼 기본 설치를 한 경우도 filter라는 명령을 이용하여 필터 특성을 쉽게 확인할 수 있답니다.

filter 명령의 기본적인 사용 방법은 다음과 같습니다.

```
>> filter(a,b,x) ;
```

앞서 이야기했던 바이쿼드 필터의 수식은 다음과 같았습니다.

$$y[n] = a0 \times x[n] + a1 \times x[n-1] + a2 \times x[n-2] - b1 \times y[n-1]$$
$$- b2 \times y[n-2]$$

이 수식을 y항과 x항으로 모아서 표현하면 다음과 같습니다.

$$y[n] + b1 \times y[n-1] + b2 \times y[n-2] = a0 \times x[n] + a1 \times x[n-1] + a2 \times x[m-2]$$

이때 x항의 계수 a0, a1, a2를 하나의 변수로 저장하고 y항의 계수 1, b1, b2를 하나의 변수로 저장하고 저 명령을 실행하면 필터가 적용된 값을 얻을 수 있습니다.

앞선 과제에서 구현했던 피크필터를 filter 명령을 통하여 구현할 수 있습니다. 다음 코드들은 현후 군이 구현했던 코드와 filter 명령을 이용한 코드인데 각각을 비교해보겠습니다.

미션에서 현후 군이 구현했던 코드

```
>> a0=1.0130557885385833 ;
>> a1=-1.465715424005588 ;
>> a2=0.9236491794879148 ;
>> b1=-1.465715424005588 ;
>> b2=0.9367049680264983 ;
>> x=zeros(1, 44100) ;
>> x(1)=1 ;
>> y(1)= a0 * x(1) ;
>> y(2)= a0 * x(2) + a1 * x(1) - b1 * y(1) ;
>> for i=3 : length(x)
> y(i)=a0 * x(i) + a1 * x(i - 1) + a2 * x(i - 2) - b1 * y(i - 1) - b2 * y(i - 2) ;
> endfor
>> yfft=abs( fft(y) ) ;
>> yfft=yfft(1 : length(y)/2) ;
>> plot(yfft)
```

filter 명령을 이용해 구현한 코드

```
>> a= [ 1.0130557885385833      -1.465715424005588      0.9236491794879148 ] ;
>> b =[ 1                        -1.465715424005588      0.9367049680264983 ] ;
>> x=zeros(1, 44100) ;
>> x(1)=1 ;
>> y=filter(a, b, x) ;
>> yfft=abs( fft(y) ) ;
>> yfft=yfft(1 : length(yfft) / 2) ;
>> yfft=10 * log(yfft) ;
>> plot(yfft)
```

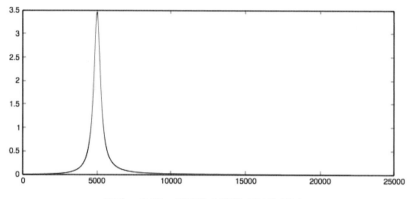

그림 ex2 filter 명령을 이용한 코드와 결과

이런 쉬운 방법이 있는데 왜 어렵게 설명을 했느냐고요?

우리는 지금 옥타브를 배우는 것이 아니라 옥타브를 이용하여 DSP의 개념을 배우고 있는 거니까요.

Chapter 04

푸리에 변환의 이해

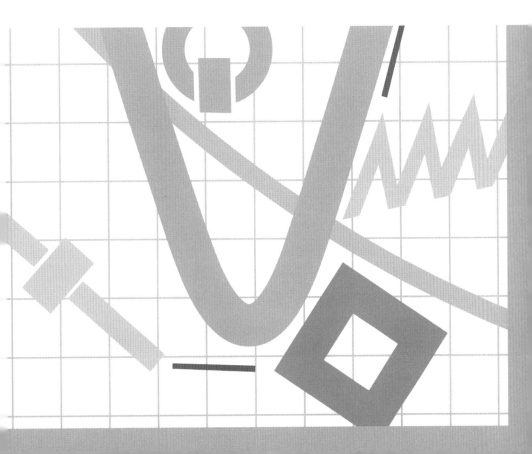

Chapter
04 푸리에 변환의 이해

From : octavejwchae@gmail.com
To : octavehhjung@gmail.com
Subject : 푸리에 변환의 이해

지금까지 우리는 소리의 재료를 만들어보고 그 소리의 재료의 소리의 3요소를
변화시키는 방법들에 관하여 공부하였습니다. 이 일들을 통틀어 소리의 합성
(Synthesis)이라고 하죠.

그런데 소리를 다루는 일에서 소리의 합성과 함께 중요한 것이 있습니다. 바로
소리의 분석(Analysis)이죠.

소리를 분석할 때 가장 많이 사용되는 것은 시간의 흐름에 따른 음량의 변화를
살펴보는 것(일반적인 음악, 사운드 소프트웨어에서 기본적으로 제공하는 화면
이죠.)과 원하는 구간에서의 주파수 성분을 확인하는 것(음악, 사운드 소프트
웨어에서는 FFT, Spectrum Analyzer와 같은 용어를 사용합니다.)입니다.

이번 시간에는 원하는 구간에서의 주파수 성분을 확인하는 방법인 푸리에 변
환에 대하여 알아보기로 하겠습니다.

:: 푸리에 변환(Fourier Transform)의 이해

푸리에(장바티스트 조제프 푸리에, Jean-Baptiste Joseph Fourier)는 모든
함수가 주기함수의 합으로 나타낼 수 있다는 방법을 제시한 프랑스의 수학자

이자 물리학자입니다.

우리가 사용하고 있는 주파수 분석방법은 바로 푸리에의 방법에 기초한 것이며 시간의 흐름에 따른 파동의 진폭변화를 주파수 영역으로 변환하는 것을 푸리에 변환이라고 합니다.

지금까지 주파수 이야기가 나올 때마다 등장했던 FFT라고 하는 것의 정체도 Fast Fourier Transform이라고 하는 '아주 빠른 푸리에 변환'이었습니다.

푸리에 변환 역시 공학수학의 기초를 알고 있어야 풀 수 있는 문제지만 여기서는 푸리에 변환이 어떤 식으로 일어나는지에 대하여 Octave를 이용한 실습을 통해 보다 경험적으로 느낄 수 있는 시간을 갖도록 하겠습니다.

푸리에 변환에 대해서 좀 더 이론적으로 공부하고 싶다면 『수학으로 배우는 파동의 법칙(저자 : Transnational College of Lex, 출판사 : Gbrain)』을 읽어보길 추천합니다. 고등수학을 모르는 사람도 수학적 기본을 다져가며 볼 수 있는 책이랍니다.

푸리에 변환은 '모든 함수가 주기함수의 합으로 나타낼 수 있다'라는 전제로부터 시작합니다.

지금까지 우리가 다뤘던 내용을 토대로 재구성하자면 '모든 신호는 사인파의 합으로 나타낼 수 있다' 정도라고 할 수 있습니다. (실은 사인파와 더불어 코사인파까지 포함되지만 여기서는 편의상 사인만으로 설명하고자 합니다.)

우리가 '아~'라고 이야기하는 것과 앞서 만들었던 사각파, 톱니파, 그리고 주변에서 들을 수 있는 다양한 소리와 피아노, 바이올린, 기타와 같은 소리도 모두 사인파의 합으로 나타낼 수가 있다는 것입니다.

피아노 소리라든가, 바이올린 소리 등은 주파수 특성이 조금 복잡하기에 여기서는 조금 단순한 사각파(Square wave)를 가지고 설명을 해나가도록 하겠습니다.

3장에서 사각파를 만들면서 우리는 사각파가 기본음정의 홀수배의 배음성분을 갖는 파형이라고 하면서 각 배음성분은 다음의 수식으로 나타낼 수 있다고 이야기했습니다.

$$\frac{1}{(2n-1)} \times \sin\left(2\pi f t (2n-1)\right)$$

그래서 만약 기본음의 크기가 1이고(n=1) 그 주파수가 100Hz라면 그 배음의 구조는 다음과 같게 됩니다.

n번째 배음	크기(진폭)	주파수
1	1	100
2	1/3	300
3	1/5	500
4	1/7	700
5	1/9	900
...	...	...

각각의 배음에 대한 사인파를 만들어 모두 더하면 사각파가 만들어졌었습니다. 그렇다면 사각파의 배음성분이 저렇게 된다는 것은 어떻게 알게 되었을까요? 아마도 푸리에 변환을 통하여 그리 어렵지 않게 찾아냈을 것입니다.
우리도 이제부터 사각파의 배음성분을 찾아가는 과정을 통하여 푸리에 변환의 의미와 개념을 알아보고자 합니다.

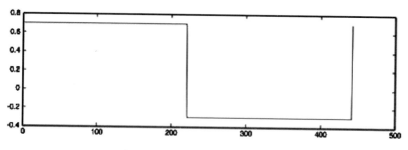

그림 4-1 이제부터 분석할 사각파 그래프

위의 그림 4-1의 사각파는 샘플링레이트 44100Hz, 주파수 100Hz의 사각파
입니다.

:: DC 성분 찾아내기

3장에서 삼각파, 사각파, 톱니파를 만들면서(합성) DC 성분에 대하여 잠깐
언급한 적이 있었습니다. 기준점이 0점이 아니라 위나 아래로 움직인 성분을
직류 성분, 즉 DC 라고 했습니다. 3장에서는 DC 성분을 만드는 법을 이야기했
었는데 여기서는 어떤 파형이 주어졌을 때, 어떻게 DC 성분을 찾아낼 것인가
에 관한 이야기를 해보겠습니다.

그리고 보니 주어진 사각파도 0점을 기준으로 진동하는 것이 아니라 대략 0.2
정도를 기준으로 진동하고 있는 듯해 보이기는 합니다.

다시 푸리에 변환의 시작점으로 돌아가보겠습니다.

'모든 신호는 사인파의 합으로 나타낼 수 있다.'

그렇다면 사각파도 사인파의 합으로 나타낼 수 있을 것입니다.

$$\text{Square}(100\text{Hz}) = \sin(2\pi \times 100 \times t) + \frac{1}{3} \times \sin(2\pi \times 300 \times t) +$$

$$\frac{1}{5} \times \sin(2\pi \times 500 \times t) + \cdots$$

위의 수식처럼 말이죠.

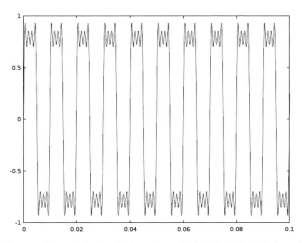

그림 4-2 기본음부터 3번째 배음까지의 사인파를 더한 사각파 그래프

먼저, 100Hz의 사인파를 만들어 확인해보도록 하겠습니다. 이제까지 만들었던 사인파의 그림을 생각해보면 + 방향의 면적과 − 방향의 면적을 더했을 때, 0이 될 거 같기는 합니다만 이번 기회에 정확하게 Octave에서 확인을 해보도록 하겠습니다.

```
>> t=0 : 1/44100 : 1 ;
>> y=sin(2 * pi * 100 * t) ;
>> sum( y(1 : 441) )          % Fs : 44100일 때, 100Hz의 한 주기는 44100 : 100이므로
                               441개의 샘플이 됩니다.

ans=-7.7615e-15
```

어! 0이 아닌데요? 그렇습니다. 디지털화되면서 생기는 오차 때문에 정확하게 0이 나오지는 않습니다. 하지만 그 값이 -7.7615×10^{-15}으로 0에 가까운 아주 작은 값이 됩니다. (Octave에서 $-7.7615e^{-15}$과 같은 표시는 -7.7615×10^{-15}를 의미합니다.)

그렇다면 300Hz, 500Hz, 700Hz, 900Hz, …의 모든 배음성분들도 한 주기 만큼을 더하면 모두 0이 되겠죠.

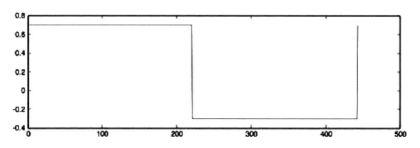

그림 4-3 0.2의 DC 성분을 가지고 있는 사각파의 한 주기(441개의 샘플)

그럼 한 주기만큼의 y 값을 전부 더하면 'DC * 한 주기에 해당하는 샘플의 수'에 해당하는 값이 나오지 않을까요? (sum 명령을 사용하면 그 변수의 모든 값을 쉽게 더할 수 있습니다.) 위와 같이 0.2의 DC 성분을 갖는 사각파의 한 주기의 총합과 DC 성분을 구하는 명령은 다음과 같습니다.

```
>> sum(y(1 : 441))
ans = 87.700

>> ans / 441
ans = 0.19887
```

이렇게 쉽게 DC 성분(DC Offset)을 알아낼 수 있었습니다.

원래의 파형에서 DC 성분을 제거하려면 변수의 각 샘플에서 DC 값을 모두 빼면 되므로 다음과 같이 하면 되겠습니다.

>> y=y - ans ;   % 여기서 ans는 바로 전에 구한 DC 값인 0.19887입니다.

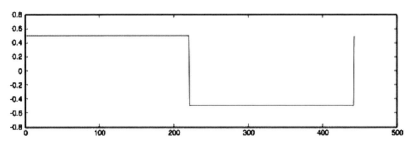

그림 4-4 DC Offset을 제거한 사각파 그래프

이렇게 DC 성분을 제거한 파형은 위와 같이 0점을 기준으로 위아래로 진동하는 것을 확인할 수 있습니다.

:: 원하는 주파수 성분 찾아내기

DC 성분은 뜻밖에 쉽게 구할 수 있었는데요. 그렇다면 우리가 원하는 주파수 성분은 어떻게 구할 수 있을까요? 위의 예라고 하면 100Hz 성분이 얼마만큼 포함되어 있는지를 알아내야 하는데 말이죠. 문득 사인파끼리 곱한 후 한 주기를 더하면 어떤 값이 나올지 궁금해집니다.

```
>> t=1 : 44100 ;
>> t=t / 44100 ;          % 오차를 줄이기 위해서 1초간을 44100개의 샘플로 만들
                          었습니다.
>> y=sin (2 * pi * t) ;   % 1Hz의 진폭이 1인 사인파를 생성했습니다.
>> yy=y .* y ;            % 같은 주파수를 갖는 사인파끼리 곱합니다.
>> sum(yy)
ans=2.2050e + 04         % 각 샘플의 값을 모두 더했습니다.
>> ans / 44100 * 2
ans=1
```

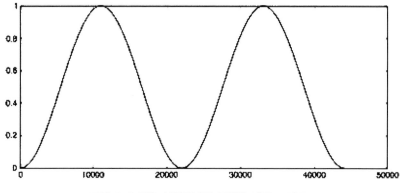

그림 4-5 같은 사인파끼리 곱했을 때의 그래프

그림 4-5는 주파수가 같은 사인파끼리 곱한 모습입니다.

그렇다면 주파수가 다른 사인파끼리 곱한 파형과 그 샘플들의 합은 어떻게 될
까요? (우리가 지금 분석하려고 하는 사각파라면 주파수가 3배, 5배, 7배, 9배
가 되겠네요.)

- 원래의 사인파와 주파수가 **3**배인 사인파를 곱할 경우,
  sin(2 * pi * t) x sin(2 * pi * 3 * t)

```
>> y=sin (2 * pi * t) ;
>> y2=sin (2 * pi * 3 * t) ;
>> yy=y .* y2 ;
>> plot(yy)
```

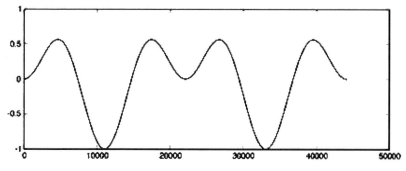

그림 4-6 1Hz의 사인파와 3Hz의 사인파를 곱했을 때의 그래프

이번에는 모든 값을 더하면 0이 될 것 같은 느낌이 들지 않나요?

```
>> sum(yy)
ans=4.7749e-11
```

추측한 것과 같이 0에 가까운 매우 작은 값이 나왔습니다.

- 원래의 사인파와 주파수가 5배인 사인파를 곱할 경우,
  sin(2 * pi * t) x sin(2 * pi * 5 * t)

```
>> y=sin (2 * pi * t) ;
>> y2=sin (2 * pi * 5 * t) ;
>> yy=y .* y2 ;
>> plot(yy)
```

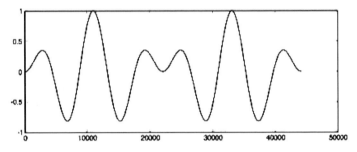

그림 4-7 1Hz의 사인파와 5Hz의 사인파를 곱했을 때의 그래프

```
>> sum(yy)
ans=3.6175e-12
```

이번에도 0에 가까운 매우 작은 값이 나왔습니다.

- 원래의 사인파와 주파수가 7배인 사인파를 곱할 경우,
  sin(2 * pi * t) x sin(2 * pi * 7 * t)

```
>> y=sin(2 * pi * t) ;
>> y2=sin(2 * pi * 7 * t) ;
>> yy=y .* y2 ;
>> plot(yy)
```

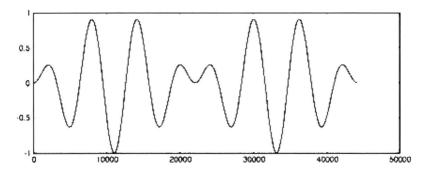

그림 4-8 1Hz의 사인파와 7Hz의 사인파를 곱했을 때의 그래프

```
>> sum(yy)
ans = 3.6175e-12
```

이번에도 0에 가까운 매우 작은 값이 나왔습니다.

- 원래의 사인파와 주파수가 **9**배인 사인파를 곱할 경우,
   sin(2 * pi * t) x sin(2 * pi * 9 * t)

```
>> y = sin(2 * pi * t) ;
>> y2 = sin(2 * pi * 9 * t) ;
>> yy = y .* y2 ;
>> plot(yy)
```

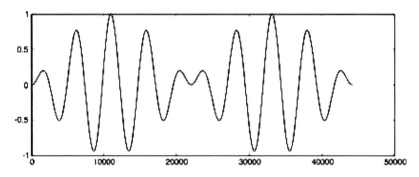

그림 4-9 1Hz의 사인파와 9Hz의 사인파를 곱했을 때의 그래프

```
>> sum(yy)
ans = 2.5827e-12
```

이번에도 0에 가까운 매우 작은 값이 나왔습니다.

지금까지는 사각파의 구성성분들을 토대로 사인파를 곱해왔는데요. 그렇다면
사각파의 구성성분은 아니지만 2배의 주파수를 갖는 파형을 곱하면 그 값은
어떨까요?

```
- 원래의 사인파와 주파수가 2배인 사인파를 곱할 경우,
  sin(2 * pi * t) x sin(2 * pi * 2 * t)

>> y = sin(2 * pi * t) ;
>> y2 = sin(2 * pi * 2 * t) ;
>> yy = y .* y2;
>> plot(yy)
```

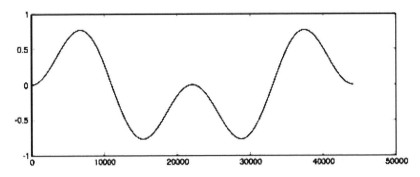

그림 4-10 1Hz의 사인파와 2Hz의 사인파를 곱했을 때의 그래프

```
>> sum(yy)
ans = -1.4994e-12
```

역시나 이번에도 0에 가까운 매우 작은 값이 나왔습니다.

위의 실험에서 볼 수 있듯이 주파수가 같은 사인파끼리의 곱은 한 주기를 모두
더했을 때, T/2(주기를 2로 나눈값)만큼의 크기를 갖지만, 주파수가 다른 사
인파끼리의 곱은 한 주기를 모두 더했을 때, 0이 되는 것을 알 수 있습니다.
(원래는 삼각함수의 적분을 통해서 증명할 수 있답니다.)

따라서 우리가 구하고자 하는 사각파의 100Hz의 사인파 성분을 알아내고자
한다면 한 주기의 파형에 sin(2 * pi * 100 * t)의 한 주기만큼을 곱한 후,
2/441(주기로 나눈 후 2를 곱함)를 곱하여 100Hz의 사인파의 크기를 알아낼
수 있습니다.

```
>> ysin = sin(2 * pi * 100 * t) ;
>> sin100 = y .* ysin ;
>> sum1 = sum(sin100)
sum1 = 1.4037e + 04
>>sum1 * 2 / 44100
ans = 0.63662
```

100Hz의 성분은 0.63662가 되네요.

```
>> ysin = sin(2 * pi * 300 * t) ;
>> sin300 = y .* ysin ;
>> sum1 = sum(sin300)
sum1 = 4679.0
>> sum1 * 2 / 44100
ans = 0.21220
```

300Hz의 성분은 0.21220이 나오고,

```
>>ysin = sin(2 * pi * 500 * t) ;
>>sin500 = y .* ysin ;
>>sum1 = sum(sin500)
sum1 = 2807.2
>>sum1 * 2 / 44100
ans = 0.12731
```

500Hz의 성분은 0.12731이 나오게 되네요. 이처럼 주파수별 성분 크기를 하나씩 구해갈 수 있습니다.

이상으로 대략적인 푸리에 변환의 개념에 대해서 알아보았습니다.

실제 푸리에 변환에서는 사인, 코사인을 오일러공식을 이용하여 좀 더 수학적으로 아름다운 수식을 사용하고 있으며 FFT(Fast Fourier Transform)는 푸리에 변환을 빠르게 하기 위한 특별한 알고리듬을 사용하고 있기에 수학적 지식을 동원하지 않으면 설명이 쉽지 않기에 대략적인 개념을 경험해보는 것 정도를 목표로 삼았답니다.

1. '아'를 녹음한 후 한 주기를 찾아내서, 그 주기의 10번째 배음까지의 사인성분을 찾아 내보세요.

2. 위에서 얻어낸 사인성분들을 사인파들을 생성해서 10개의 사인파를 더해보세요.

이렇게 해서 옥타브(Octave)를 이용해서 디지털 사운드 프로세싱에 대한 개념들을 다루어보았습니다.
결코 쉽지 않은 시간이었을 텐데 잘 따라와 줘서 고맙고 현후 군이 하고 싶은 공부와 일을 하는 데 조금이라도 도움이 되었으면 하네요.
그동안 수고 많았고 또 하고 싶은 공부가 있으면 언제든 연락해줘요.

채진욱

From : octavehhjung@gmail.com
To : octavejwchae@gmail.com
Subject : 푸리에 변환의 이해

드디어 계속해서 나오던 '푸리에 변환'이군요. 일반적인 실생활에서야 많이 들는 말은 아니지만 사운드에 관련해서는 FFT나 Spectrum Analyzer는 정말 많이 사용하고 많이 듣는 말 중 하나가 아닐까 합니다.

모든 메일 내용이 다 중요하겠지만 특히,

"모든 함수가 주기함수의 합으로 나타낼 수 있다."

라는 내용은 절대로 잊어버리지 않도록 하겠습니다. (사인파 합성을 하다 보니 몸으로 체득한 개념이기도 하고요.)

그리고 더욱 자세한 공부를 위해 말씀해주신 '수학으로 배우는 파동의 법칙'도 꼭 읽어보겠습니다.

첫 번째 과제는 '아' 소리를 녹음한 후 한 주기를 찾아내서, 그 주기의 10번째 배음까지의 사인성분을 찾아내는 것이네요. 처음 이 말을 보고는 '잉? 그게 가능할까?'라는 생각이 들었습니다. 하지만 지금까지의 내용을 참고해가면서 풀어보도록 하겠습니다.

먼저 녹음한 목소리의 한 주기부터 찾아야겠는데요. 일단 목소리를 불러온 뒤 주기가 반복되는 부분의 샘플을 찾습니다.

```
>> [y, fs]=wavread('voice.wav') ;
>> plot(y) ;
>> axis([11411, 11581, -1, 1]) ;     % axis 명령의 가로축 범위를 줄여가면서 한 주기를
                                       찾습니다.
```

이렇게 해서 찾은 한 주기는 그림 4-11과 같습니다.

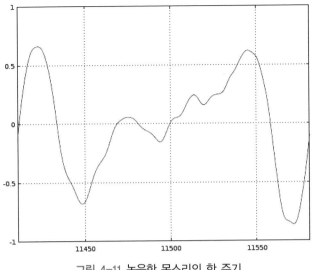

그림 4-11 녹음한 목소리의 한 주기

한 주기가 171개이고 샘플레이트가 44100Hz이니 44100/171로 계산해보면 257.89가 나옵니다. 대략 이 주기는 258Hz 정도의 주파수를 갖게 되겠네요. 이제 이 찾은 주기를 앞으로 계산하거나 찾기 쉽게 임의의 다른 변수를 만들어 저장합니다.

```
>> voice = y(11411 : 11581) ;
```

이렇게 해서 한 주기를 voice라는 변수에 저장해 언제든 꺼내 쓸 수 있게 준비해둡니다.

그리고 계산의 정확도를 높이기 위해 DC Offset을 제거하겠습니다.

```
>> sum(voice)                    % 모든 샘플의 값을 다 더한 뒤
ans = -0.99310
>> ans / length(voice)           % 그 더한 값을 전체 샘플수로 나눕니다.
ans = -0.0058076
>> voice2 = voice - ans ;        % 전체 샘플에 DC 성분만큼을 빼주고
>> sum(voice2)                   % 다시 모든 값들을 더해줍니다.
ans = -1.7292e-014               % 결과로는 거의 0에 가까운 값이 나옵니다.
```

voice2라는 변수를 다 더했을 때 합이 0에 가까운 -1.7292e-014가 나오게
됩니다. 이제까지 파형을 확인했던 것처럼 이 voice2도 FFT로 확인해보겠습
니다.

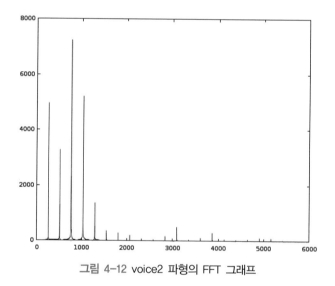

그림 4-12 voice2 파형의 FFT 그래프

이 파형을 그대로 변형하면 위와 같은 FFT가 제대로 나오지 않습니다. 그러므
로 일종의 변조를 해주어야 하는데요. 나중에 사운드로 확인을 하기 위해서라
도 다음과 같이 변형시켜줍니다.

```
>> v1 =[voice2  voice2  voice2  voice2  voice2  voice2  voice2  voice2  voice2  voice2] ;
>> length(v1)
ans = 1710
>> v2 =[v1  v1  v1  v1  v1  v1  v1  v1  v1  v1] ;
>> length(v2)
ans = 17100
>> v3 =[v2  v2  v2] ;
>> v3 = v3(1 : 44100) ;
>> length(v3)
ans = 44100
```

이렇게 하면 171개의 샘플을 가진 저 하나의 주기가 44100샘플까지 복사가 되며, 한 주기가 1초 동안 계속 반복됩니다. 44100으로 나누어떨어지지 않기 때문에 임의로 44100개의 샘플까지만 사용하도록 만듭니다.

이렇게 하면 바로 sound 명령으로 소리도 확인할 수 있습니다.

FFT로 확인한 그래프에서도 가장 처음으로 큰 값을 갖는(FFT 그래프에서 가장 왼쪽 막대의 값) 부분의 주파수를 기음으로 생각하고 계산합니다. FFT를 확대해서 보면 이전에 의심했던 258Hz 부근이 나오게 됩니다. 이 258Hz부터 배음을 하나씩 곱해서 성분을 파악해보겠습니다.

먼저 기음일 것 같은 258Hz부터 곱해봅니다.

```
>> t =0 : 1 / fs : 1 ;
>> x = sin(2 * pi * 258 * t) ;
>> x1 = x(1 : 171) ;          % 잘라낸 한 주기만큼의 샘플 수를 따로 저장해줍니다.
>> yy = voice2 .* x1 ;         % 잘라낸 한 주기와 같은 샘플의 사인파를 곱해 저장합니다.
>> sum(yy)
ans = -18.775
```

```
>> ans*2 / 171
ans = -0.21959
```

이 파형 안에서 258Hz는 -0.2만큼의 크기의 주파수인가보네요. 이제 두 번째 배음을 곱해보겠습니다.

```
>> t=0 : 1 / fs : 1 ;
>> x=sin(2 * pi * 258 * 2 * t) ;      % 258Hz의 두 번째 배음입니다.
>> x1=x(1 : 171) ;                    % 잘라낸 한 주기만큼의 샘플 수를 따로
                                        저장해줍니다.
>> yy=voice2 .* x1 ;                  % 잘라낸 한 주기와 같은 샘플의 사인파
                                        를 곱해 저장합니다.
>> sum(yy)
ans = 13.383
>> ans*2 / 171
ans = 0.15653
```

이 파형 안에서 516Hz는 0.15만큼의 크기의 주파수입니다. 이런 식으로 세 번째부터 열 번째 배음을 계산해보면 다음과 같습니다.

n번째 배음	크기	주파수
1	−0.21959	258Hz
2	0.15653	516Hz
3	0.38680	774Hz
4	0.32011	1032Hz
5	0.085368	1290Hz
6	0.021177	1548Hz
7	−0.010111	1806Hz
8	−0.0091288	2064Hz
9	−5.2657e−004	2322Hz
10	0.0021890	2580Hz

열 번째 배음까지해서 사인파의 크기를 구해보았습니다. 이제 반대로 이 성분들을 하나씩 다 더해보겠습니다.

```
>> t=0 : 1/fs : 1 ;                    % fs=44100입니다.
>> a1 =-0.21959 * sin(2 * pi * 258 * t) ;
>> plot(t(1 : 171), a1(1 : 171))
>> a2=a1  +  0.15653 * sin(2 * pi * 516 * t) ;
>> plot(t(1 : 171), a2(1 : 171))
>> a3=a2  +  0.38680 * sin(2 * pi * 774 * t) ;
>> plot(t(1 : 171), a3(1 : 171))
```

위의 코드대로 천천히 더해보면 그림 4-13처럼 나오게 됩니다.

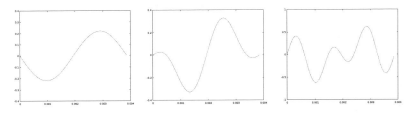

그림 4-13 첫 번째 배음 그래프(왼쪽), 첫 번째+두 번째 배음 그래프(가운데), 첫 번째+두 번째+세 번째 배음 그래프(오른쪽)

이런 식으로 열 개의 배음을 다 더합니다. 그림 4-14는 원본 파일인 'voice2'와의 비교 그래프입니다.

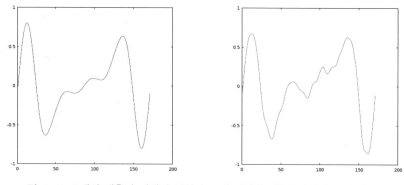

그림 4-14 10개의 배음이 더해진 사인파 그래프(왼쪽), 원본 파일의 그래프(오른쪽)

어느 정도 예상되었듯이 양쪽의 파형의 모양이 비슷하게 나오게 됩니다. 이제 두 파형의 FFT를 비교해보겠습니다.

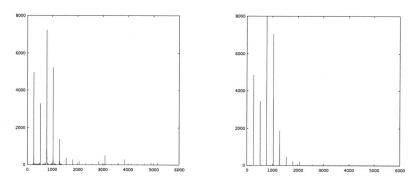

그림 4-15 원본 파형의 FFT(왼쪽), 10개의 배음이 더해진 사인파 그래프의 FFT(오른쪽)

FFT역시 예상했듯이 양쪽의 각 주파수의 위치나 크기의 비율은 비슷해 보입니다. (세로축의 절대적인 크기가 다른 것은 양쪽의 진폭의 값이 정확하게 일치하지 않고, FFT를 적용할 때 양쪽의 진폭 값을 기준을 맞추지 않고 FFT를 그려줘서 그런 것 같습니다. 대신에 각 주파수 성분의 진폭의 비율이 맞았다면 볼륨은 곱셈을 이용해서 맞춰줄 수 있을 것입니다.)

그리고 더 비슷하게 만들어주려면 원음의 FFT를 참고하여 포함된 주파수 성분을 더 계산해 더해주면 원음과 점점 더 비슷한 모양의 그래프가 그려질 것입니다.

양쪽의 소리 또한 비교해보았는데요.
두 개의 소리를 들어보면 약간의 밝기 차이가 있지만(FFT에서 보이듯이 원본에 더 높은 주파수의 배음이 많이 포함되어 있어서 더 밝게 들릴 것입니다.) 음정과 소리의 뉘앙스는 비슷하게 들리게 됩니다.

이렇게 해서 푸리에 변환까지 확인해보았습니다.
이런 식으로 배음을 더해서 원음과 비슷하게 만들고 그걸 다시 세밀하게 확인해보니 FFT를 어떻게 사용해야 할지 합성할 때 어떤 식으로 해야 할지에 대해 더욱 체계적인 지식이 쌓인 것 같습니다.

Octave를 가지고 노는 것은 저에게 있어 기존에 이론적으로 알고 있던 부분들의 내용을 더욱 세밀히 살펴보는 시간이었고, 새로운 접근 방법을 얻을 수 있는 즐거운 시간이었습니다. 교수님께서 많이 신경 써주셔서 정말 재밌게 공부할 수 있었습니다. 다음에도 또 재밌는 공부거리를 교수님께 말씀드리겠습니다. Octave의 세상으로 지도해주셔서 감사합니다.

From : octavehhjung@gmail.com
To : 이 책을 끝까지 읽어주신 모든 분들에게
Subject : 마지막 장까지 쉴 새 없이 달려오느라 고생하셨습니다

끝나지 않을 것만 같던 Octave의 이야기도 어느덧 마지막 장을 지나 맺음말을 쓰게 되었습니다.

사실 처음에는 '책'으로써의 이야기보다는 '재미있는 도구를 배운다'에 초점을 맞추고 시작하게 되었습니다. 그전부터 익히 사용하던 도구들과 별반 다르지 않겠구나. 혹은 처음만 배우면 다루는 것이 쉬워지겠다는 생각으로 시작했고, 중반부까지는 익숙한 내용을 생소한 기법으로 다루는 것에 힘들어 했었고, 이 책의 마지막 장을 쓸 때쯤 제 머릿속에는 '어떤 방식으로 파형을 만들어볼까?' 나 '이런 필터는 이렇게 구현하면 되지 않을까?'라는 생각들이 떠나지 않게 되었습니다.

한마디로 원고를 쓰는 시간은 Octave라는 프로그램에, DSP라는 개념에, 완전히 사로잡힌 시간이었습니다.

다만 독자분들께서 제가 답장한 부분들을 보시면서 '뭔가 배운 사람이라서 금방금방 쉽게 답장할 수 있는 거야'라는 생각을 하고 계시진 않을까 걱정됩니다. 저 역시 본문에서처럼 '아! 이렇게 하면 되겠군요!'라는 말을 쉽게 쓸 수 있었던 건 아닙니다. 익히 알고 있던 개념일지라도 새로운 시각으로 봐야 했었고, 매번 나오는 과제들을 어떤 식으로 풀어야 할지 많이 고민했습니다. 절대 한번에 답이 나오지 않았고, 수차례 교수님께서 보내주신 메일 내용을 곱씹어보면서 나름의 해답을 찾았습니다.

그러므로 독자분들께서 어려워 읽지 못하셨던 부분이 있으시더라도 반복해서 보시다 보면 분명히 이해가 되리라 생각합니다.

소리에는 정답이 없습니다. 어디에 써야 할지 모르는 화이트 노이즈라도 본문에서처럼 필터의 성향을 잘 보여주기도 하고 때에 따라서는 전자드럼 소리의 일부로 사용할 수도 있습니다. 반대로 아주 좋고 화려한 피아노 소리라도 음악 안에서 다른 악기들과 어울리지 못한다면 좋은 소리가 부자연스러운 소리가 되겠지요. 제가 학부생으로 있었을 때 교수님의 사운드 디자인 수업의 가장 첫 화두는

사운드 디자인이란 필요와 목적에 맞게 소리를 설계하고 형상화하는 일

이었습니다. 돌이켜보면 제가 교수님과 함께 한 모든 가르침의 시간을 관통하는 말이기도 하네요.
그리고 이 책이 저 문장을 가장 잘 형상화하는 방법의 하나가 아닐까 생각합니다. 누군가의(독자분들의) 필요와 목적에 맞게 소리를 가장 근본에서부터 설계하여 형상화하는 일을 우리는 지금까지 같이 해온 거니깐요.
그 과정에서 코드를 잘 다루고 조금 더 복잡한 방법을 쓰는 것들은 중요하지 않다고 봅니다. 중요한 건 독자분들이 소리를 다루는 방식을 얼마만큼 이해하고 얼마만큼 독창적으로 그것을 발전시키느냐는 것이라 생각됩니다. 그러니 이 책에 실려 있는 코드들을 용기 있게 바꾸어보시고 적혀 있는 개념들을 응용하고 재조합해서 독자분들 스스로 무언가로 만들어보시길 바랍니다.
원고를 작성하면서 아쉬웠던 점들도 있고, 독자분들이 어떤 식으로 생각할지 궁금했던 점도 많이 있습니다. 궁금한 점이 있으시다면 언제든 본문의 제목 바로 밑에 있는 메일 주소로 메일을 보내주시면 고맙겠습니다. (실제로 교수님과 제가 사용하는 메일 주소입니다.)

여기까지 보시느라 고생 많이 하셨습니다. 이 페이지까지 읽어주신 많은 분이 저와 같이 이 책의 내용을 토대로 자신만의 DSP를 구축해보고 그 안에서 즐거움을 발견하시길 바랍니다.

2016년 1월
이제는 세 마리의 고양이와 함께 지내는
정현후 드림

Q&A

이 부분은 독자 여러분들이 궁금해할 수도 있는 내용과 본문 내용에 다 싣지 못한 내용 중에 재밌게 볼 수 있는 부분들을 간단한 문답 형식으로 구성해보았습니다. 본문 내용보다는 편한 내용으로 구성되어 있으니 가볍게 읽어보시면서 독자 여러분들도 저와 같이 궁금증을 해결해보시기 바랍니다.

'교수님. 메일은 잘 받아보셨나요? 드디어 마지막 푸리에 변환까지 답장을 보내드리게 되었네요. 그동안 이끌어주시고 메일 답장 확인하시느라 고생하셨습니다.'

'현후 군도 고생했어요.'

'교수님. 공부하면서 이런저런 내용이 궁금했는데요. 그런 것들을 여쭤봐도 되는지요?'

'그럼요. 물론이죠.'

Cats. 그럼 첫 번째 질문부터 말씀드릴게요! 교수님께서는 언제부터 DSP에 관심을 두고 공부를 시작하셨나요? 또한 언제부터 사운드에 관심을 갖게 되셨나요?

JW. 어린 시절부터 컴퓨터와 음악을 워낙 좋아해서 자연스럽게 사운드에 대한 관심을 가졌던 거 같네요. 그래서 대학에서의 전공도 소리를 다룰 수 있는 물리학을 선택했고요. DSP에 관심을 갖게 된 건 신시사이저를 연구, 개발하는 연구소에서 일하면서였어요. 연구소에서는 사운드엔지니어로 일했었는데 사운드를 변화시키는 좀 더 원론적인 방법을 알고 싶었죠. 아마 현후 군도 비슷한 마음으로 DSP 공부를 하게 된 거 같은데요? 현후 군은 어떤가요? 신시사이저를 만들고 싶다고 했을 때 내가 제안했던 DSP 공부가 현후 군이 원했던 대답에 근접했는지 궁금한데요.

Cats. 원했던 대답을 정확하게 찾은 것 같습니다. 그 전에 Synthedit와 Puredata 같은 프로그램을 사용할 때는 단순히 모듈들을 결합해서 소리를 만들어내는 것에 만족했어야 했는데, Octave를 사용하면서 소리를 만드는 가장 기초적인 방법을 몸으로 체득할 수 있었던 것 같습니다. 또한 신시사이저뿐만 아니라 여타 이펙터와 같은 오디오 소프트웨어를 제작하는 데 가장 기초가 되는 개념들을 알 수 있었던 것 같습니다. 물론 앞으로 더 공부해야겠지만요.

그리고 처음 공부를 시작할 때, 공대를 가게 되면 MATLAB을 사용할 거라고 하셨는데 그럼 Octave와 MATLAB은 비용을 내는 것 말고는 다른 점은 없나요?

JW. 차이점이 전혀 없다고 할 수는 없고요. 구체적으로 살펴보면 상당한 차이점들이 있답니다. 하지만 처음 DSP를 공부하면서는 그 차이점을 느끼지 못할 거고요. 굳이 그 차이점에 대해서 알 필요도 없지 않을까 싶어요.

Cats. 저야 돈을 내지 않는다는 것에 일단 매우 만족했었지만, 그렇게 말씀하시니 앞으로 더욱 애용할 것 같네요. 다음 질문으로는요, 일반적으로 음악을 만들 때 사용하는 소프트웨어 신시사이저나 오디오 이펙터들도 이런 식으로 구조를 만들어서 만들게 되나요? 아니면 다른 방법으로 만들게 되나요?

JW. 기본적으로는 그렇다고 볼 수 있고요. 요즘에는 회로 시뮬레이션과 같은 방법을 사용하는 예도 많은데 그 부분은 다루지를 않았네요.

Cats. 그렇다면 Octave로 만든 여러 가지 알고리듬을 실제로 프로그램에 적용해서 나만의 신시사이저 프로그램, 나만의 이펙터 프로그램을 만들 수는 없나요?

JW. 프로그램의 개발 과정은 Octave와 같은 소프트웨어로 알고리듬을 검증하고 그것을 타깃플랫폼에 맞춰서 다시 프로그래밍하게 된답니다. MATLAB의 경우는 MATLAB에서 만든 코드를 C/C++, VHDL과 같은 다양한 형식으로 만들어주는 기능도 있지만 대부분은 알고리듬 검증과 타깃플랫폼에 맞춘 프로그램은 별도로 진행되고 있답니다.

Cats. 아, 저도 나중에 내공이 좀 더 생기면 그런 것들을 다루게 되겠지요. 그런 날이 빨리 왔으면 좋겠습니다. 교수님과 메일을 주고받았던 부분들은 어떻게 보면 이제까지는 맛보기 내용이었던 것 같은데요. 혹시 DSP에 대해 더 심화된 내용으로 저를 지도해주실 생각은 없으신가요?

JW. 우리가 지금까지 공부한 내용만 가지고도 할 수 있는 재미있는 프로젝트들이 너무 많답니다. 다양한 사운드 이펙터나 신시사이저를 구현할 수도 있을 거고요. 그런 과정들에 관한 이야기를 해보면 어떨까 하네요. 만약 더 깊이 있는 DSP를 공부하고 싶다면 이제 DSP 책을 사서 혼자 공부하는 것도 어느 정도 가능할 거 같고요.

Cats. 이제 하산해서 DSP의 세상을 홀로 떠돌아다녀야 하겠군요. 그럼 혹시 재미있게 진행해보고 싶은 프로젝트나 앞으로 해보고 싶으신 것들이 있으신가요? 저는 개인적으로는 소프트웨어로 만들어진 신시사이저 알고리듬을 하드웨어로 제어 가능하게 만들어보고 싶습니다.

JW. 요즘 관심이 있는 프로젝트는 작고 가벼운 개발 환경(예를 들면 아두이노라든가…)을 이용하여 악기를 만드는 것과 이와 같은 프로젝트를 더욱 많은 친구들과 공유하는 것이랍니다. 좀 더 많은 한국의 정현후 군을 만나고 싶다고나 할까요.

Cats. 혹시 메일 내용을 보내주시면서 참고하신 문헌이 따로 있으신가요?

JW. 특별히 참고한 것은 따로 없고요. 음…. 그동안의 강의노트와 구글 검색, 그리고 옥타브의 help 정도가 아닐까 싶은데요. 학부 때의 수업자료를 아직 가지고 있다면 한번 확인해보세요.

Cats. 저도 틈틈이 사운드 디자인 수업 때 배웠던 책들을 다시 보면서 확인했었습니다. 역시 기본이 중요하군요! 이제 조만간 이 내용을 묶어서 출판하신다고 하셨는데, 특별히 고마운 분들이 있으시다면요?

JW. 무엇보다 가장 고마운 사람은 현후 군이죠. 처음 시작하면서 생각했던 '쉽지 않은 도전'을 잘 마무리할 수 있게 해줬으니까요. 그리고 대학원 시절, 함께 연구실 생활을 하며 DSP의 개념을 제대로 가르쳐주고 이 책의 감수까지 꼼꼼하게 해준 울산대학교의 조상진 교수에게도 꼭 감사의 말을 전하고 싶네요. 어린 시절부터 음악과 컴퓨터에만 미쳐 있던 저를 믿고 지켜봐주신 부모님께 항상 감사드리고 이제는 옆에서 묵묵히 지켜봐주는 아내에게도 감사의 말을 전하고 싶습니다.

현후 군은 특별히 감사를 표하고 싶은 분들 없나요?

Cats. 저 역시 여기까지 이끌어주신 교수님께 제일 먼저 감사드립니다. 저를 사운드를 만지는 사람에서 정말로 사운드를 만드는 사람으로 발돋움할 수 있게 해주신 것에 대해 정말 진심으로 감사드립니다.

그리고 언제나 저를 믿어주시고 응원해주시는 존경하는 어머니께 감사드리고 제가 뭘 해도 지켜봐주시는 우리 가족들 모두에게 감사드립니다.

근데 이거 은근히 쑥스럽네요.

다음번 메일부터는 이제 여러 가지 재밌는 것들 많이 만들어서 또 보내드리겠습니다.

앞으로도 잘 이끌어주시기 바랄게요!

Octave의
명령어 정리

이 부분에서는 본문 내용에 나오는 명령어들의 풀이와 간단한 사용법을 담고 있습니다. 본문 내용을 따라가면서 명령어의 사용이 이해가 되지 않으셨다면 이 부분을 통해서 조금이나마 도움을 받으실 수 있길 바랍니다. 명령어는 알파벳순으로 정리되어 있습니다. 더 자세한 설명은 Octave 창에서 help 명령어를 이용해서 보실 수 있습니다.

:: abs

정수의 절댓값을 계산해서 출력해주는 명령어입니다.

예

```
>> abs(-1)
ans = 1
```

:: axis

그래프 창을 정해진 범위로 제한하여 보여줍니다.

예

axis([x_lo, x_hi, y_lo, y_hi]) : x축의 범위를 x_lo부터 x_hi까지 y축의 범위를 y_lo부터 y_hi까지 지정합니다.

만약 범위를 axis([1, 2, 5, 6])와 같이 정했다면 다음의 그림처럼 그래프 창이 그려질 것입니다.

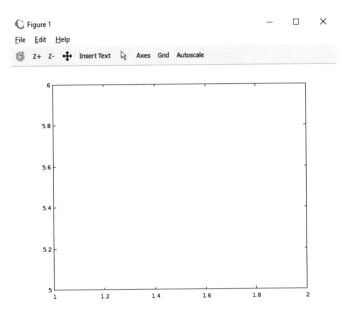

∷ clear

현재까지 생성된 모든 변수들과 저장된 값들을 지우는 명령어입니다.

∷ cos

어떤 변수에 포함되어 있는 각각의 값들을 라디안(pi)으로 바꾸어 cosine 곡선을 계산하는 명령어입니다. 기본적인 사용은 sin과 같습니다.

예

```
>> t=0 : 0.01 : 1 ;
>> y=cos(2 * pi * 1 * t) ;
```

이렇게 만든 코사인 파형은 사인파처럼 에서 시작하지 않고 최댓값(위의 명령
에서는 1)부터 파형이 시작되는 사인파 모양입니다.

:: disp

변수의 값이나 문자열을 새로운 커맨드 라인에 출력합니다.

예

```
>> y=10 ;
>> disp(y)
10
>>
```

:: edit .m

.m 파일을 만들거나 수정하기위해 사용하는 명령어, 외부 에디터 편집기를
이용하여 .m 파일을 만들 때 사용합니다. (GUI 환경에서는 별도의 외부 편집
기를 사용하지 않고 GUI안에 포함되어 있는 편집기를 사용합니다.)

:: end

행렬의 구성요소 중 가장 마지막 값을 출력해줍니다.

예

```
>> y=1 : 10 ;
>> y(end)
ans=10
```

:: filter(a,b,x)

어떤 특정 데이터에 대한 필터값을 만들어주기 위한 명령어입니다.

* 자세한 설명은 '쉬어가는 페이지 : 필터를 정리하며'를 참조하세요.

:: fft

FFT를 계산해서 만들어줄 때 사용하는 명령어입니다.

:: floor

소수점의 값에서 소수점 아래를 다 버리고 오직 정수로만 값을 변환해줍니다.

예

```
>> floor(1.9)
ans = 1
```

:: for

for 루프 명령어를 사용합니다.

예

```
>> for y=1 : 5
y
endfor          % MATLAB에서는 end를 사용합니다.
y=1
y=2
y=3
y=4
y=5
```

:: hist

히스토그램(도수분포표)을 생성해서 보여주는 명령어입니다.

:: hold

새로이 만들어지는 그래프들을 기존에 실행되고 있는 그래프 창에 추가해서 그려주는 명령어. 여러 그래프를 비교할 때 유용하게 사용 가능합니다.

:: home

현재 지정된 커서를 가장 위로 하여 화면에 작성된 모든 명령어들을 화면에서 안 보이게 해줍니다. 이 명령어는 clear처럼 변수들과 저장된 값을 지우진 않기 때문에 저장된 명령어를 그대로 사용할 수 있고, 단지 현재 커맨드 화면을 깨끗하게 비워주는 명령어입니다.

:: if

if 문 블록 명령어를 사용합니다. 주어진 조건을 판단해서 알맞은 값을 출력합니다. 더 자세한 설명은 help를 참조하시면 됩니다.

예

```
>> x=1 ;
>> if (x==1)
y=1
else
y=2
endif              % MATLAB에서는 end를 사용합니다.
y=1
```

:: ifft

FFT의 역변환을 계산해서 만들어줄 때 사용하는 명령어입니다.

:: length

어떤 변수에 포함되어 있는 값들의 개수를 읽어오는 명령어입니다.

예

```
>> t=0 : 0.1 : 1 ;
>> length(t) ;
ans = 11
```

t는 0부터 1까지 0.1로 나눈 값, 즉 0, 0.1, 0.2, 0.3, 0.4, 0.5, 0.6, 0.7, 0.8, 0.9, 1의 총 11개의 값을 가지고 있으므로 t에 포함된 값들의 개수는 11개입니다.

:: linspace

행백터를 만들어주는 명령어입니다. 시작값과 끝값을 100개의 값으로 나누어 저장하며, 중간의 값들을 100개가 아니라 몇 개로 나눌 것인지에 대해 별도로 지정 가능합니다.

예

```
>> t=linspace(1, 10)
t =
  Columns 1 through 11:
    1.0000  1.0909  1.1818  1.2727  1.3636  1.4545  1.5455  1.6364  1.7273  1.8182  1.9091
  Columns 12 through 22:
    ............
```

```
>> t=linspace(1, 10, 10)
t=
   1   2   3   4   5   6   7   8   9   10
```

:: ls

현재 설정되어 있는 디렉터리 안의 전체 파일 리스트를 보여주는 명령어입니다.

:: max

어떤 변수 안에서 가장 큰 값을 찾을 때 사용하는 명령어입니다.

예

```
>> y=1 : 10
>> max(y)
ans=10
```

:: min

어떤 변수 안에서 가장 작은 값을 찾을 때 사용하는 명령어입니다.

예

```
>> y=1 : 10
>> min(y)
ans=1
```

:: mod(a, b)

두 값을 나눈 나머지 값을 출력하는 명령어입니다.

```
>> mod(2, 3) ;
ans = 2
```

:: plot

2D 로 이루어진 그래프를 만들어주는 명령어입니다.

```
>> plot (time, sample) ;
```

이렇게 사용할 경우 그래프의 X축(가로축)에는 time에 저장된 값들이, Y축(세로축)에는 sample에 저장된 값들이 지정됩니다. 이때 time과 sample의 개수는 같아야 합니다.

샘플의 개수를 특정해서 보고 싶을 때, 예를 들어 샘플의 첫 번째 데이터부터 열 번째 데이터까지만 보고 싶을 경우

```
>> plot (time(1 : 10), sample(1 : 10)) ;
```

로 그려주면 그래프는 샘플의 첫 번째 데이터부터 열 번째 데이터까지를 그려
주게 됩니다.

예 3

plot의 값 뒤에 ' '를 붙여서 그래프의 색을 바꾸거나, 모양을 변화시킬 수도
있습니다.

Linestyle(선의 모양)	Markerstyle(선이 아닌 그래프 모양)	Color(색깔)
'–' 일반적인 모양(기본값)	'+' 십자 모양	'k' 검정색
'– –' 두 줄로 이루어진 모양	'o' 원 모양	'r' 빨간색
' : ' 점으로 이루어진 모양	'*' 별 모양	'g' 녹색
'–.' 줄과 점으로 이루어진 모양	'.' 점 모양	'b' 파란색
	'x' 엑스표 모양	'm' 핑크색
	's' 네모 모양	'c' 청녹색
	'd' 마름모 모양	'w' 흰색
	'^' 삼각형 모양	
	'v' 역삼각형 모양	
	'>' 오른쪽을 보는 삼각형 모양	
	'<' 왼쪽을 보는 삼각형 모양	
	'p' 별 모양(위의 별과는 다름)	
	'h 육각별 모양	

또한 색과 모양을 동시에 사용할 경우 ' '이 아닌 " " 부호를 사용하여 만들어
줍니다.

빨간색 별 모양을 만들어주고 싶을 경우

```
>> plot (time, sample, "*r") ;
```

:: power(x, y)

x를 y의 값만큼 곱해서 출력해주는 명령입니다. ' ^ '와 같은 기능을 합니다.

예

```
>> power(2, 3) ;
ans = 8
```

:: printf

문자열을 커맨드 라인에 출력합니다.

예

```
>> printf("cats") ;
cats>>
```

:: pwd

현재 Octave가 어떤 디렉터리에서 파일을 읽어오고 불러오는지 경로를 보여주는 명령어입니다.

:: randn

행렬의 구성요소들을 불특정한 숫자들로 채워주는 명령어

예

```
>> y = randn(1, 2)
y =
-1.260116 0.054378
* 이 값들은 불특정한 값이기 때문에 명령을 내릴 때마다 값이 바뀌게 됩니다.
```

:: real( )

실수와 허수로 구성된 값에서 실수 값만을 출력하는 명령어입니다.

```
>> y=-1 + 2i ;
>> real(y)
ans=-1
```

:: shift(a, b)

a라는 행렬에서 b의 값만큼 행렬의 구성요소들을 이동시켜주는 명령입니다.

```
>> y=[1, 2, 3]
y=
1 2 3
>> shift(y, 1)
ans=
3 1 2
```

:: sin

어떤 변수에 포함되어 있는 각각의 값들을 라디안(pi)으로 바꾸어 sine 곡선을
계산하는 명령어입니다.

```
>> t=0 : 0.01 : 1 ;
>> y=sin(2 * pi * 1 * t) ;
```

t(X축)에 대응해서 1Hz(한 번 반복하는)의 사인파를 만드는 명령어입니다.

:: sound

오디오 데이터를 재생할 때 사용하는 명령어입니다.

예

- sound(y) : y의 오디오 데이터를 재생합니다.
- sound(y, fs) : y의 오디오 데이터를 fs의 값만큼의 샘플레이트로 재생합니다. 별도의 샘플레이트를 선택하지 않으면 기본적으로 8000Hz로 재생합니다.
- sound(y, fs, nbits) : y의 오디오 데이터를 fs의 값만큼의 샘플레이트와 nbit의 값만큼의 비트뎁스로 재생합니다. 비트뎁스를 지정하지 않을 경우 기본적으로 8bit로 재생합니다.

:: subplot

한 화면 안에서 여러 개의 그래프를 출력할 수 있도록 해주는 명령어입니다.

예

```
>> subplot(2, 2, 1)
>> subplot(2, 2, 4)
```

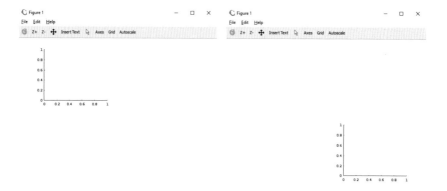

한 화면에서 subplot(2, 2, 1)는 2행 2열로 화면을 구성하고, 그중 첫 번째 자리에 그래프를 그려주는 명령어(왼쪽 그림)이고 subplot(2, 2, 4)는 2행 2열로 구성된 화면에서 네 번째 자리에 그래프를 그려주는 명령어(오른쪽 그림)입니다.

:: wavread

RIFF/WAVE 파일에서 오디오 신호를 읽어올 때 사용하는 명령어입니다.

예

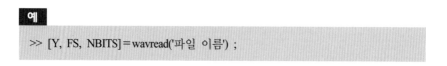

>> [Y, FS, NBITS]=wavread('파일 이름) ;

이렇게 사용할 경우 Y에는 해당 파일의 각 샘플의 크기를 저장하며, FS는 해당 파일의 샘플레이트, NBITS는 해당 파일의 비트뎁스를 저장하게 됩니다. *wavread의 파일 이름뿐 아니라 모든 문자열을 사용할 때는 ' '를 꼭 붙여야만 오류가 나지 않습니다.

:: wavwrite

오디오 신호를 RIFF/WAVE 파일로 만들 때 사용하는 명령어입니다.

```
>> wavwrite(Y, '파일 이름.wav') ;
```

이렇게 사용할 경우 Y라는 샘플의 크기를 '파일 이름.wav'라는 파일로 만들어 주게 됩니다. 이때 기본 샘플레이트는 8000Hz, 기본 비트뎁스는 16bit 가 되며, 샘플레이트와 비트뎁스를 바꿔주고 싶은 경우에는 Y 다음 자리에 원하는 샘플레이트를 그다음에는 원하는 비트뎁스를 넣어주면 됩니다. 사용은 다음과 같이 작성하면 됩니다.

```
>> wavwrite(Y, 44100, 24, '파일 이름.wav') ;
```

:: zeros

행렬을 만들 때 그 행렬 안의 모든 구성요소를 0으로 만들어주는 명령어입니다.

```
>> y = zeros(1, 4)
y =
 0 0 0 0
```

:: ' *, + , - , / , ^ '

기본적인 연산 명령부호입니다.

예

```
>> 2 * 3
ans = 6
>> 2 + 3
ans = 5
>> 2 - 3
ans = -1
>> 2 / 3
ans = 0.66667
>> 2^3
ans = 8
```

:: ' : '

행렬의 범위를 지정하는 부호입니다. 앞의 값부터 뒤의 값까지 순차적으로 y 에 저장합니다.

예 1

```
>> y = 1 : 3
y =
    1    2    3
```

예 2

```
>> y=0 : 0.5 : 2
y=
   0.00000    0.50000    1.00000    1.50000    2.00000
```

:: [ ]

행렬을 만들어줄 때 사용하는 부호입니다. 배열 안에 각각의 변수를 직접적으로 지정해줄 수 있습니다.

예

```
>> y=[0, 2, 4]
y=
   0    2    4
```

:: %

주석을 처리하는 명령어, 이 부호 뒤로 입력되는 글자나 숫자는 계산에 포함되지 않습니다.

찾아보기

채진욱 오로지 기술, 음악, 음향에만 관심이 있어 학부에서는 물리학을 전공하며 음향학을 공부하였고 대학원에서는 컴퓨터 공학(DSP)을 전공하며 컴퓨터를 이용한 소리 합성을 연구하였다.

KURZWEIL Music Systems에서 사운드 엔지니어로 일하며 다양한 신시사이저를 개발하였고 좀 더 재미있는 악기와 사운드를 개발하고자 사운드 디자인 회사를 설립하기도 하였다.

14년간 대학에서 사운드와 신시사이저, 컴퓨터 음악을 강의하였으며 경기대학교 전자 디지털 음악과에서 겸임교수로 일하면서 현후 군과 같은 실력 있는 제자를 만나는 행운을 얻기도 한다.

지금은 몇몇 회사의 사운드 컨설팅을 하고 있으며 스타트업 회사에서 'Next Generation Listening'이라는 아주 재미있는 연구를 하고 있다.

저서로는 『음악인을 위한 사운드 디자인』(사운드 미디어)과 『아두이노 for 인터랙티브 뮤직』(인사이트)이 있다.

정현후 학부에서 전자 디지털 음악이라는 생소한 학문을 전공했다.

전자와 디지털과 사운드가 어울리지는 않았지만 스승인 채진욱 교수를 만나고 점차 전자와 디지털과 사운드가 어울리는 사람이 된다.

졸업 전 채진욱 교수의 회사에 들어가 크고 작은 사운드 디자인 업무를 담당했다.

누구나 쉽게 다룰 수 있는 전자 악기를 만드는 것이 목표이며 언젠가는 그의 스승처럼 유능한 사운드 엔지니어가 될 것이라 생각한다.

고양이를 좋아하고, 종종 보기와 다르게 고집이 세다는 소리를 듣는 사람이다.

Octave/MATLAB으로 실습하며 익히는
사운드 엔지니어를 위한 DSP

초판인쇄 2016년 06월 01일
초판발행 2016년 06월 08일

저　　자 채진욱, 정현후
펴 낸 이 김성배
펴 낸 곳 도서출판 씨아이알

책임편집 박영지, 김동희
디 자 인 윤지환, 윤미경
제작책임 이헌상

등록번호 제2-3285호
등 록 일 2001년 3월 19일
주　　소 (04626) 서울특별시 중구 필동로8길 43(예장동 1-151)
전화번호 02-2275-8603(대표)
팩스번호 02-2275-8604
홈페이지 www.circom.co.kr

I S B N 979-11-5610-232-8 93560
정　　가 18,000원